AU BONHEUR DES MATHS

Cycle 2 – Niveau 1

Méthode pour les élèves en difficultés scolaires

Jediel Gonçalves

Professeur des Ecoles en IME

© 2021, Jediel Gonçalves

Édition : BoD – Books on Demand,

12 / 14 Rond-Point des Champs Elysées, 75008, Paris

Impression : BoD- Books on Demand, Allemagne

ISBN : 9782322248049

Dépôt légal : février 2021 (2e édition)

AVANT-PROPOS

Cet ouvrage propose aux élèves en difficultés scolaires des apprentissages sous forme de situations de manipulation : le calcul et la numération, l'organisation spatiale, la géométrie, les grandeurs et mesures, les situations-problèmes.

Dans chacun des exercices, l'élève a l'opportunité de développer des stratégies de compréhension et de production d'écrits mathématiques diversifiés et de participer à la gestion de ses apprentissages.

L'élève peut faire et refaire, revenir en arrière, procéder par essais. Le but est de lui montrer que sa réussite ne dépend pas d'une quantification de « bonnes » ou de « mauvaises réponses », mais bien de le préparer à une qualification de réussites visibles et évaluables.

Cette méthode fait découvrir et utiliser – mentalement ou par écrit – les procédés de calculs les mieux adaptés aux nombres étudiés et aux opérations à effectuer, et parmi ces procédés figurent les techniques opératoires usuelles.

Notre but est de fournir à l'élève qui est en difficulté – à travers les situations, les exercices et les problèmes – des outils d'appropriation et de structuration du savoir.

L'organisation très structurée de cette méthode permet de prendre en compte les difficultés des élèves en leur proposant des schémas de progressions en rapport avec le *socle commun de connaissances de compétences et de culture*. Les exercices sont programmés par l'enseignant au fur et à mesure des points abordés en classe.

Dans un premier temps, l'élève expérimente librement le matériel, puis des problèmes lui sont posés. En ce sens, *Au Bonheur des Maths* fait découvrir des apprentissages liés à des expériences concrètes et visuelles de l'élève.

À travers des temps forts et cohérents sous forme d'unités d'apprentissages, cet ouvrage permet à l'élève d'être confronté à un domaine précis de connaissances. Grâce à cela, l'élève est encouragé à construire des images mentales et à s'engager dans l'élaboration des concepts clés. À partir de ces images mentales, l'élève peut vivre des situations concrètes, puis accéder à l'abstraction.

Pour apprendre la comptine numérique, par exemple, cette méthode renforce les liens entre les représentations numériques : les nombres, les chiffres, les aliments, les outils, de la monnaie, etc. Le but est de créer des situations d'apprentissages de façon explicite et structurante, en passant par l'observation, la manipulation et l'expérimentation.

Ainsi, l'acquisition de la chaîne numérique se fait-elle en deux temps. Premièrement, l'élève apprend par code verbal. Il commence par réciter : vingt, vingt-et-un, vingt-deux, vingt-trois… Puis, l'élève perçoit et applique les lois de compositions linguistiques basées sur la numération décimale. Deuxièmement, lors de la phase de transfert, l'élève passe de la récitation à la succession ou modélisation : il comprend que chaque terme de la numération désigne une unité séparée qui permet de donner et d'obtenir des informations.

Au plan pédagogique, les exercices ont été conçus de manière à solliciter l'élève à faire usage des nombres régulièrement et de façon progressive, dans des activités variées demandant le comptage et présentant différents aspects du nombre. La découverte de ce « système » apparaît dès l'« ouverture » des unités d'apprentissage. Le système de numération est acquis grâce à la confrontation aux nombres dans le cadre du dénombrement, de distribution ou de rangement de collections.

En ce qui concerne la gestion des données, la méthode oriente l'élève vers l'autonomie : elle l'accompagne dans le passage de l'anticipation à la planification, puis de la représentation à l'automatisation des procédures. L'élève est soumis à des situations concrètes issues de sa vie quotidienne. Ces situations sont suffisamment riches et engagent l'élève dans une attitude de recherche.

L'auteur

LES NOMBRES 1, 2 ET 3

① JE COMPTE LE NOMBRE D'OBJETS.

... calculatrice   ... caddies   ... pièces

② J'OBSERVE, PUIS J'ÉCRIS LE CHIFFRE.

1 un 1 un 1 un 1 un

1 un

2 deux 2 deux

2 deux

3 trois 3 trois

3 trois

③ JE REGARDE, PUIS JE COMPTE LE NOMBRE D'OBJETS.

1. Combien de coussins vois-tu ?
2. Combien de magasines vois-tu ?
3. Combien de tables y a-t-il ?
4. Combien de canapés y a-t-il ?
5. Combien de vases y a-t-il ?
6. Combien de cendriers vois-tu ?

④ **JE COCHE CE QUE JE VOIS SUR LA PHOTO.**

➲ Un tableau ◯
➲ Un lit ◯
➲ Deux coussins ◯
➲ Une fenêtre ◯
➲ Trois carreaux de fenêtre ◯
➲ Une chaise ◯
➲ Deux tables ◯

⑤ **JE COMPTE, PUIS JE REMPLIS LE TABLEAU.**

✈	1	🚗	
✈	3	🚢	
🚌		🚌	
🚎		🚎	
🚙		🚙	

⑥ **J'ENTOURE LE NOMBRE 2, PUIS J'ENCADRE LE NOMBRE 3.**

3,29

3,19

2,99

2,49

2,49

3,99

⑦ JE LIS ET J'OBSERVE.

◻ ◻ **1** cube et **1** cube font **2** cubes. ◻ ⊠ **1** ôté de 2 il reste 1.
         On écrit :   1 + 1 = 2   *On écrit :* 2 − 1 = 1

■ ◻ ◻   1 + 2 = 3   ■ ■ ⊠   3 − 1 = 2

■ ■ ■   1 + 1 + 1 = 3   ⊠ ⊠ ⊠   3 − 3 = 0

⑧ J'ÉCRIS LES NOMBRES EN LETTRES.

1 - *un*   2 - ....   3 - ....

⑨ JE RANGE LES NOMBRES DU PLUS PETIT AU PLUS GRAND.

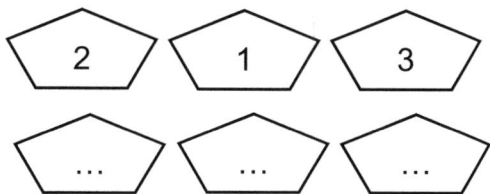

⑩ JE RANGE LES NOMBRES DU PLUS GRAND AU PLUS PETIT.

1   3   2

⑪ J'EFFECTUE CES OPÉRATIONS EN LIGNE EN UTILISANT DES CHIFFRES.

★ + ★★ = ...   🚢🚢 + 🚢 = ...   📞 + ... = 📞📞📞   🚌🚌 + 🚌 = ...

■ ■ + ■ = ...   🚗 + 🚗🚗 = ...   🎁🎁 − ... = 🎁🎁   🔒🔒 − 🔒🔒 = ...

◻ + ◻ = ...   ♥♥♥ − ♥♥ = ...   🚙 + 🚙🚙 = ...   ♥♥ + ... = ♥♥♥

○○ + ○ = ...   🚌 + 🚌 = ...   📷📷 − 📷 = ...   🚗 + ... = 🚗🚗

LES NOMBRES 4 ET 5

① JE COMPTE LE NOMBRE D'OBJETS.

... spatules   ... casseroles   ... cuillères   ... fourchettes

② J'OBSERVE, PUIS J'ÉCRIS LE CHIFFRE.

4 4 4 4

5 5 5 5

quatre - quatre -

cinq - cinq -

③ JE RECONNAIS LE NOMBRE DE CHAQUE CHOSE.

... tracteurs	... épouvantails	... vaches
	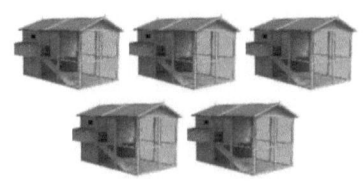	
... cochons	... poulaillers	... moutons

... poules	... cagettes	... œufs

④ JE RÉSOUS LES PROBLÈMES SUIVANTS.

Michel a **3 tomates** dans un sachet et **1 tomate** dans un autre. Combien a-t-il de tomates en tout ?

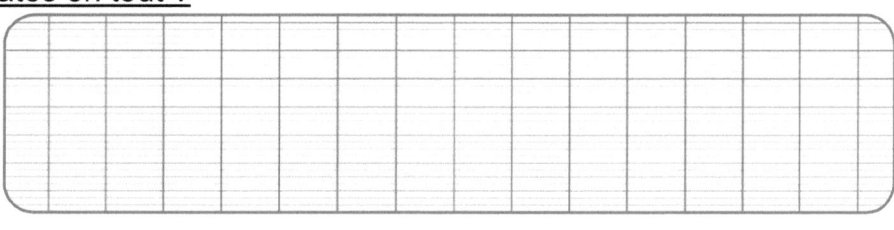 

J'ai **5 aubergines**. J'en donne **2** à Jacques et **2** à Nicolas. Il m'en reste ... aubergine.

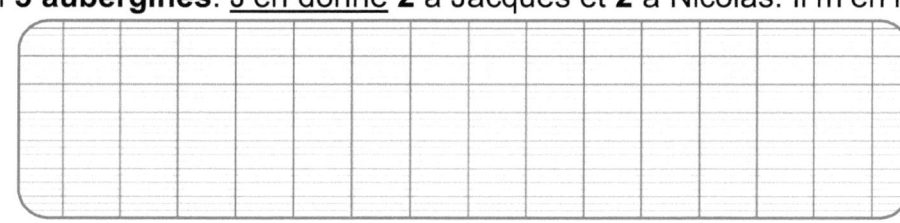 

⑤ JE CALCULE EN LIGNE.

- 3 + 2 = ...
- 5 − 0 = ...
- 2 + 2 = ...
- 2 − 2 = ...
- 2 + 3 = ...
- 5 − 3 = ...
- 3 + 1 = ...
- 5 − 2 = ...
- 1 + 4 = ...
- 5 − 1 = ...
- 1 + 3 = ...
- 4 − 2 = ...
- 4 + 1 = ...
- 5 − 4 = ...
- 4 − 1 = ...
- 2 + 3 = ...

⑥ JE LIS ET RÉSOUS LES PROBLEMES SUIVANTS.

(A). Deux athlètes participent au championnat de canoë ce mois-ci. Le premier athlète a déjà marqué **4 points**, le second n'a qu'**un seul point**. Combien de points les deux athlètes ont-ils marqué ensemble ?

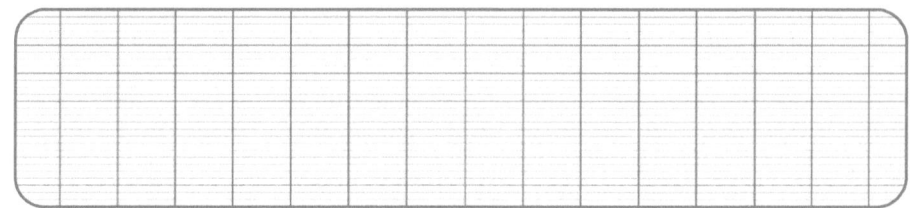 

(B). À la fête foraine, j'achète une Barbe à Papa au prix de **3 €**. Je paie la confiserie avec un billet de **5 €**. Combien d'argent la caissière va-t-elle me rendre ?

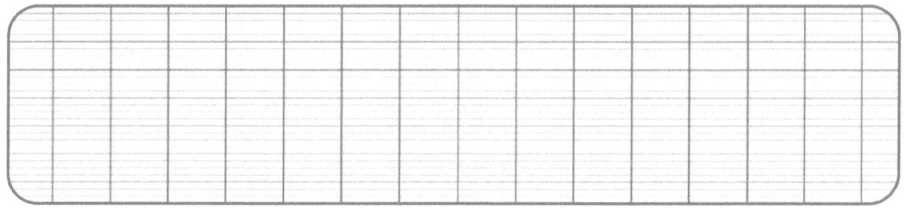 

(C). Léa s'est achetée une robe en promotion au prix de **4 €**. Elle a payé cette robe avec un billet de **5 €**. <u>Combien lui a-t-il resté d'argent ?</u>

(D). J'ai coupé un gâteau à la framboise **en quatre parts égales**. Mon frère et moi en avons déjà mangé **trois parts**. <u>Combien de parts de gâteaux avons-nous encore ?</u>

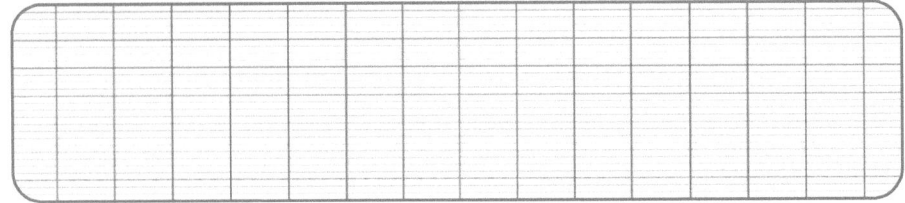 

(E). Dans un bar-brasserie, j'ai acheté :
- **1 café expresso** .... 1 €
- **1 jus d'orange** .... 1 €
- **2 croissants** .... 2 €

<u>Combien ai-je payé en tout ?</u>

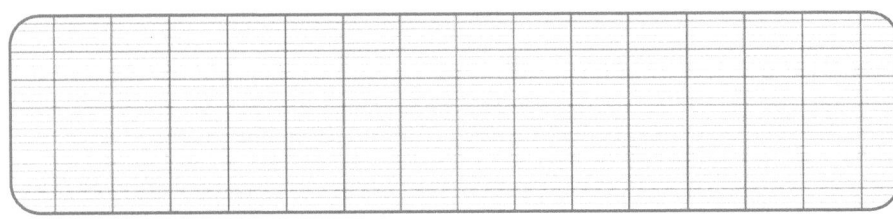 

(F). Pendant mon stage de conditionnement en ESAAT, j'ai travaillé :

- **2 heures** le lundi.
- **1 heure** le mardi.
- **1 heure** le mercredi.
- **1 heure** le jeudi.

<u>Combien d'heures ai-je travaillé en tout ?</u>

LES NOMBRES 6 ET 7

① J'OBSERVE, PUIS J'AGIS.

... poivrons + ... poivron = ... poivrons

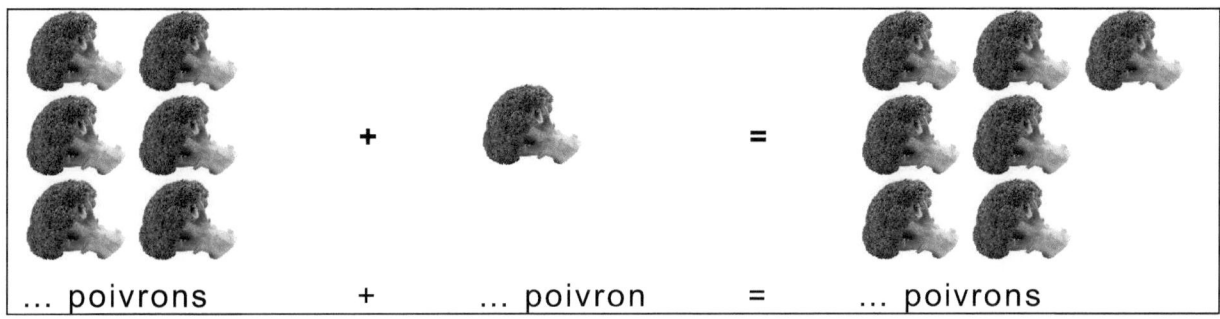

... poivrons + ... poivron = ... poivrons

... centimes + ... centime = ... centimes

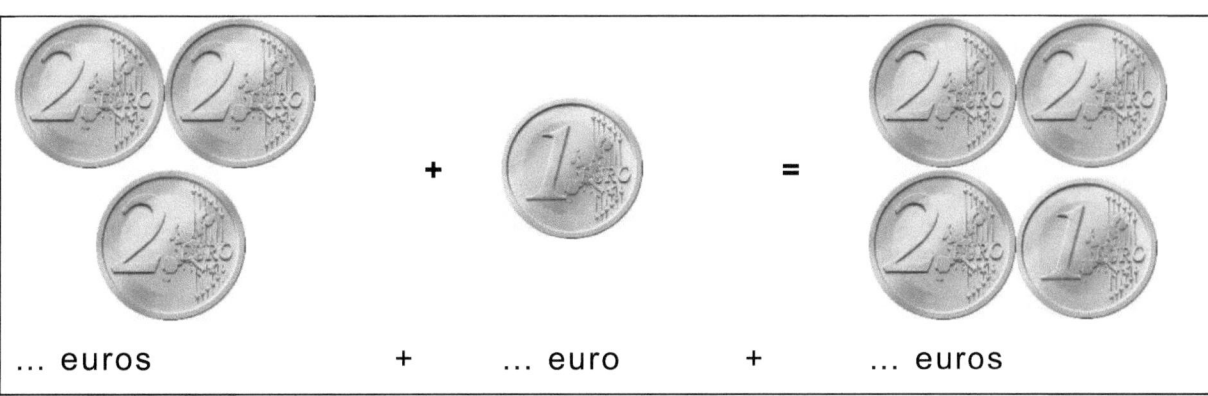

... euros + ... euro + ... euros

② JE COMPTE LE NOMBRE D'OBJETS.

... portemonnaies	... jours	... drapeaux	... merveilles du monde

③ J'OBSERVE, PUIS J'ÉCRIS LE CHIFFRE.

6 6 6 6

7 7 7 7

six - six -

sept - sept -

④ JE RECONNAIS LE NOMBRE DE CHAQUE CHOSE.

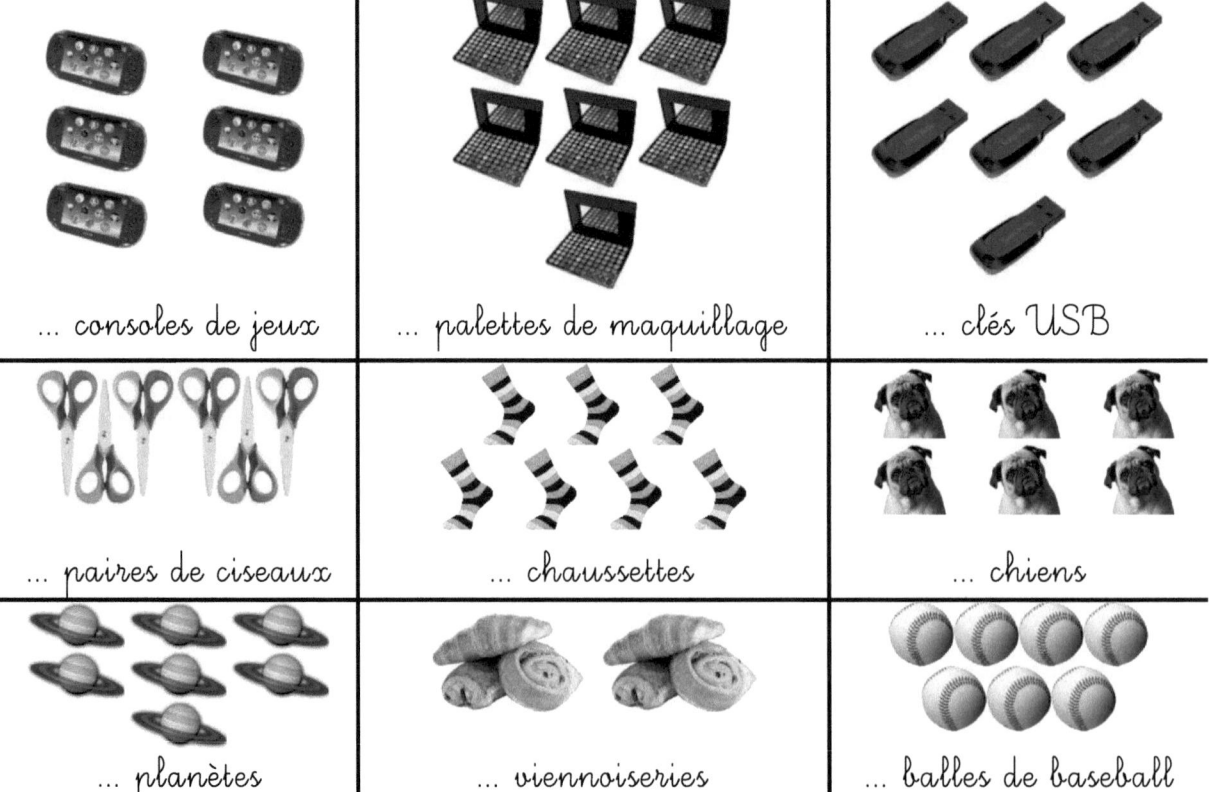

... consoles de jeux	... palettes de maquillage	... clés USB
... paires de ciseaux	... chaussettes	... chiens
... planètes	... viennoiseries	... balles de baseball

⑤ JE CALCULE CES ADDITIONS :

1 + 3 = ...   2 + 3 = ...   3 + 3 = ...   0 + 4 = ...

1 + 4 = ...   2 + 4 = ...   3 + 4 = ...   1 + 5 = ...

2 + 5 = ...   0 + 6 = ...   1 + 6 = ...

⑥ JE RÉSOUS CES PROBLÈMES.

(A). Ce matin, j'ai vendu **3 bougies parfumées**. Cet après-midi, j'en ai vendu **4**. Combien de bougies parfumées ai-je vendu, en tout ?

(B). J'ai **7 centimes**. Je donne **4 centimes** à ma cousine. Combien m'en reste-t-il ?

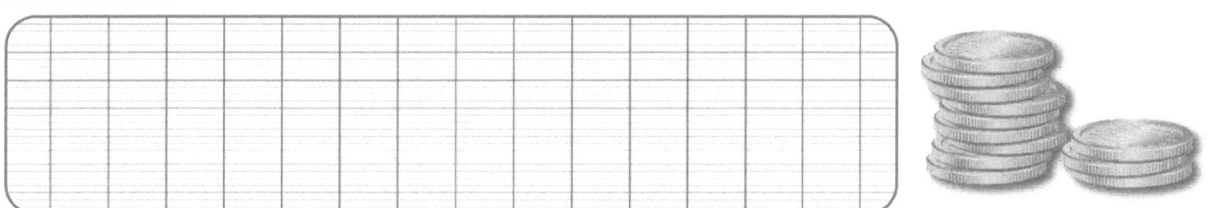

(C). Au début de cette année, j'ai fait un stage **du 4 au 10 janvier**. Combien de jours a duré mon stage ?

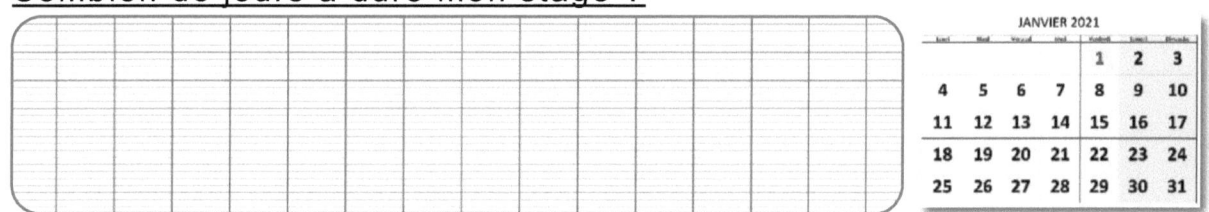

(D). Coralie a **rangé deux pièces de 2 €** dans sa poche. Elle a rangé les autres pièces dans son porte-monnaie. En tout, Coralie a **7 €**. <u>Combien Coralie a-t-elle d'argent dans son porte-monnaie ?</u>

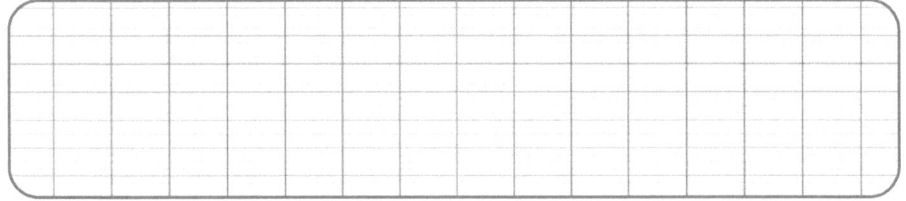 

⑦ J'ÉCRIS LE NOMBRE DES CASES GRISES.

⑧ JE COLORIE EN VERT LE NOMBRE DE CASES DEMANDÉ.

6
7
5

⑨ J'OBSERVE, PUIS JE COMPARE LES NOMBRES.

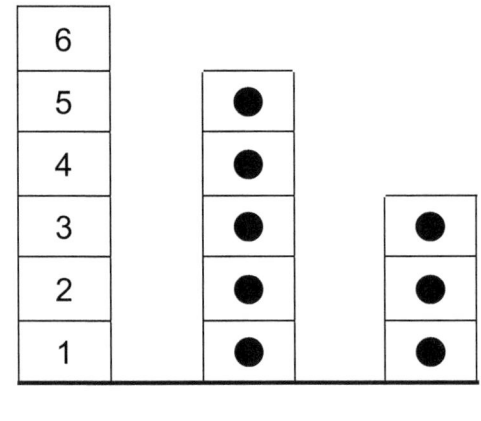

___ > ___
> veut dire *plus grand*.

___ < ___
< veut dire *plus petit*.

7 … 5   3 … 7   6 … 2
4 … 6   4 … 3   7 … 1

LES NOMBRES 8 ET 9

① J'OBSERVE, PUIS J'AGIS.

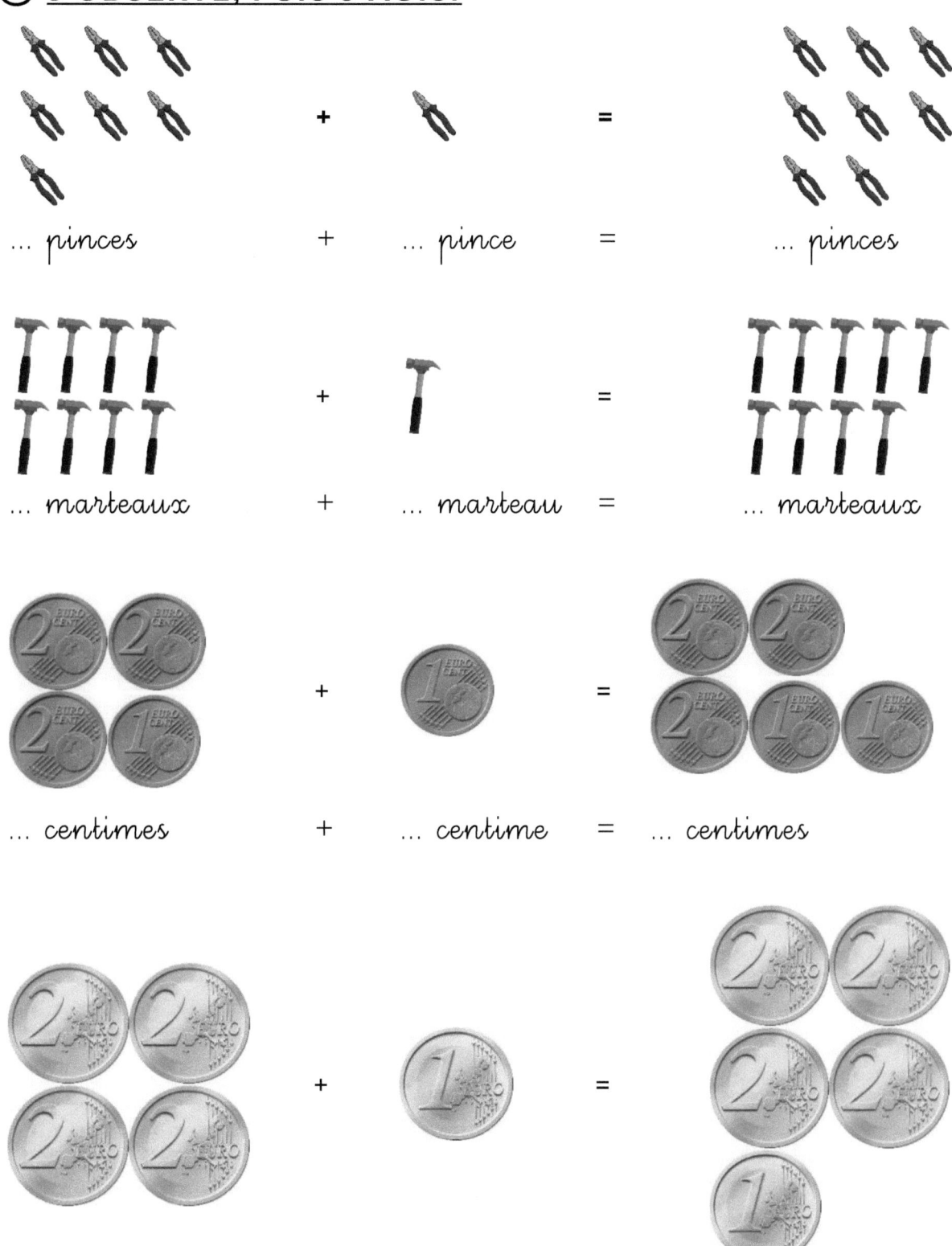

... pinces + ... pince = ... pinces

... marteaux + ... marteau = ... marteaux

... centimes + ... centime = ... centimes

... euros + ... euro = ... euros

② JE COMPTE LE NOMBRE D'OBJETS.

... pelles   ... rouleaux à pâtisserie   ... arrosoirs

③ J'OBSERVE, PUIS J'ÉCRIS LE CHIFFRE.

8 8 8 8

9 9 9 9

huit - huit -

neuf - neuf -

④ JE RECONNAIS LE NOMBRE DE CHAQUE CHOSE.

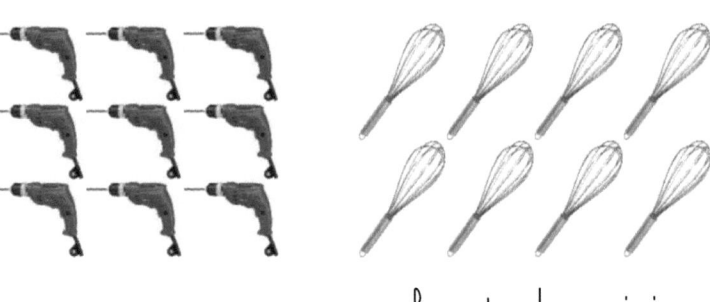 

... perceuses   ... fouets de cuisine   ... boîtes à outils

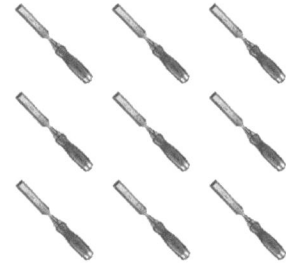 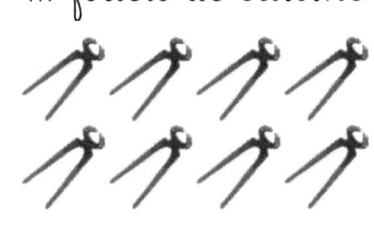 

... ciseaux à bois   ... tenailles   ... maillets

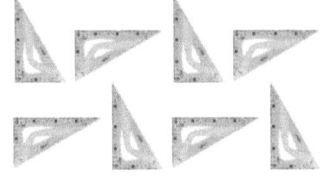  

... équerres   ... scies circulaires   ... scies

LE NOMBRE 10

① J'OBSERVE, PUIS J'AGIS.

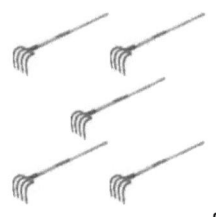 + 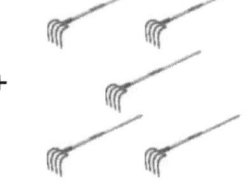 =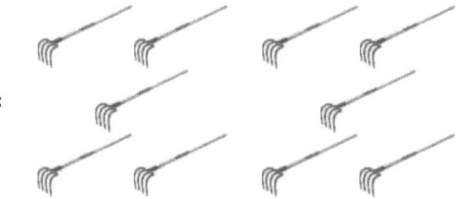

… crocs à bêcher + … crocs à bêcher = … crocs à bêcher

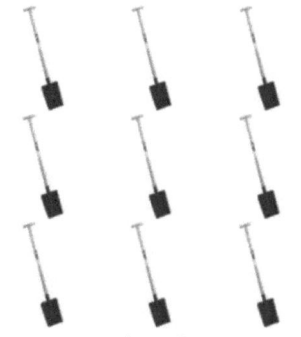 +  =

… bêches + … bêche = … bêches

 +  =

… centimes + … centimes = … centimes

 +  =

… euros + … euros = … euros

 +  =

… euros + … euros = … euros

② J'EFFECTUE CES PETITES OPÉRATIONS.

- 9 + 1 = ...
- 5 + 5 = ...
- 1 + 9 = ...
- 8 + 2 = ...
- 4 + 6 = ...
- 6 + 4 = ...
- 7 + 3 = ...
- 2 + 8 = ...
- 3 + 7 = ...

③ JE REPRÉSENTE LE NOMBRE 10 DE PLUSIEURS MANIÈRES.

Je dessine 2 billets de 5€.	J'effectue une addition : ... + ... = 10
Je dessine 10 objets ou 10 fruits.	Je dessine 5 pièces de 2€.

(au centre : 10)

④ JE DOIS AJOUTER UN NOMBRE À UN AUTRE NOMBRE POUR OBTENIR 10.

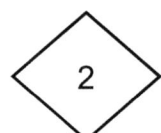 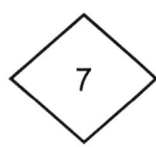  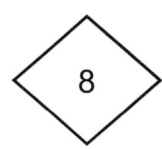  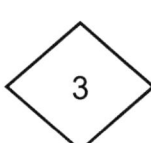

2   7   6   8   4   3

- ... + ... = 10
- ... + ... = 10
- ... + ... = 10
- ... + ... = 10
- ... + ... = 10
- ... + ... = 10

⑤ JE CORRIGE LES OPÉRATIONS EN PRÉSERVANT LES RÉSULTATS

4 + 5 = 10
8 − 2 = 10
5 + 6 = 10
9 − 1 = 10
2 + 7 = 10

4 + 6 = 10
....
....
....
....

⑥ JE RÉSOUS LES PROBLÈMES SUIVANTS.

(A). Sur la grande table de son restaurant, Diana met **10 assiettes**. Puis, elle enlève **4 assiettes**. Combien d'assiettes reste-t-il ?

(B). Brandon a **7 €**. Eva a **3 €**. Combien en ont-ils ensemble ?

(C). Cette semaine, Sarah a commencé son stage dans la restauration. En tout, son stage dure **10 heures**. Elle a déjà travaillé **6 heures**. Combien d'heures reste-t-il encore à Sarah pour terminer son stage ?

⑦ AVEC L'AIDE DE MON ENSEIGNANT, J'IMAGINE PUIS J'ÉCRIS UN PROBLÈME OÙ JE DOIS ADDITIONNER 7 + 3.

....
....
....
....

⑧ AVEC L'AIDE DE MON ENSEIGNANT, J'IMAGINE PUIS J'ÉCRIS UN PROBLÈME OÙ JE DOIS SOUSTRAIRE 10 − 7.

....
....
....
....

LE NOMBRE 10 (RÉVISION)

① JE CALCULE CES OPÉRATIONS EN COLONNE.

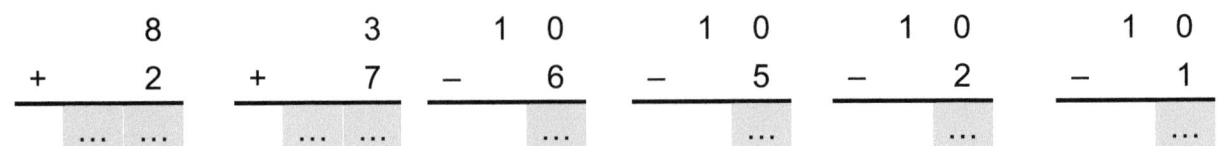

```
    8         3        1 0       1 0       1 0       1 0
+   2     +   7     -    6    -    5    -    2    -    1
  ─────     ─────     ─────     ─────     ─────     ─────
   … …      … …        …         …         …         …
```

② JE RANGE CES NOMBRES DU PLUS PETIT AU PLUS GRAND.

10   5   8   1   6   3   0

0   …   …   …   …   …   …

③ JE RANGE CES NOMBRES DU PLUS GRAND AU PLUS PETIT.

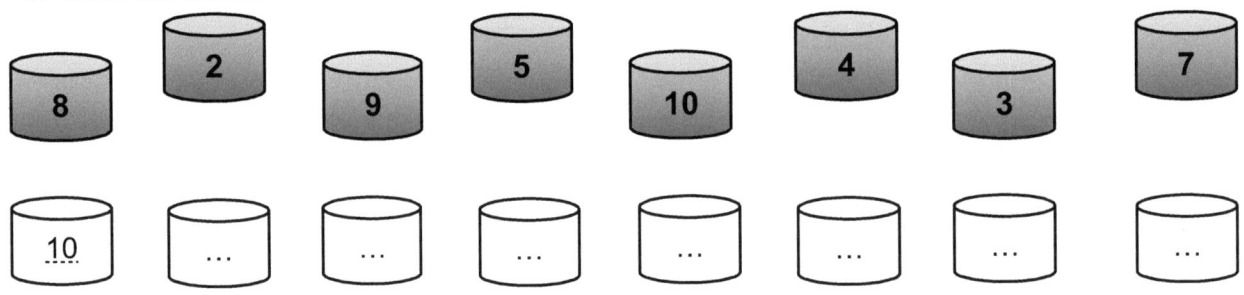

8   2   9   5   10   4   3   7

10   …   …   …   …   …   …   …

④ J'AVANCE CHAQUE FOIS D'UNE CASE ET JE COMPLÈTE.

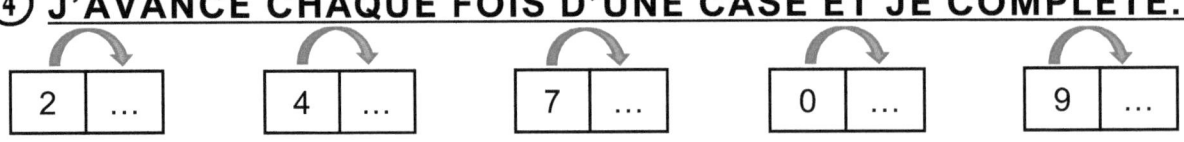

| 2 | … | | 4 | … | | 7 | … | | 0 | … | | 9 | … |

⑤ J'AVANCE CHAQUE FOIS DE DEUX CASES ET JE COMPLÈTE.

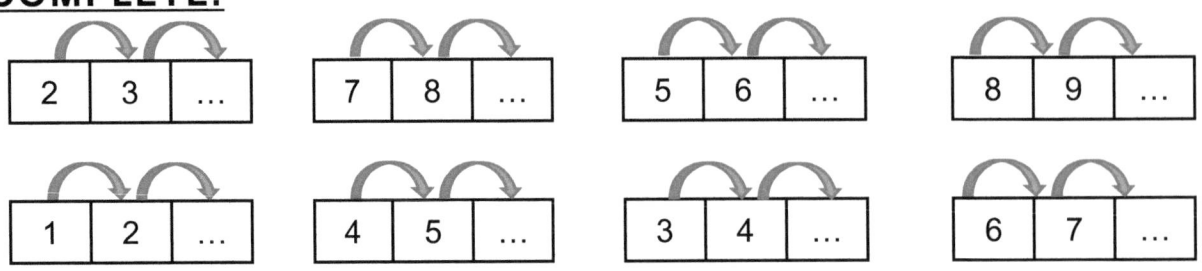

| 2 | 3 | … | | 7 | 8 | … | | 5 | 6 | … | | 8 | 9 | … |

| 1 | 2 | … | | 4 | 5 | … | | 3 | 4 | … | | 6 | 7 | … |

⑥ JE RECULE CHAQUE FOIS D'UNE CASE.

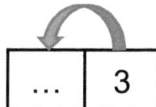 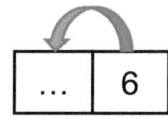 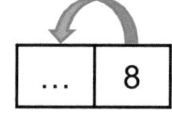 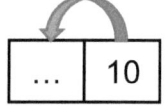 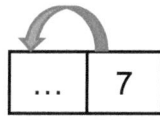

⑦ JE RECULE CHAQUE FOIS DE DEUX CASES.

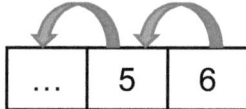  | ... | 6 | 7 |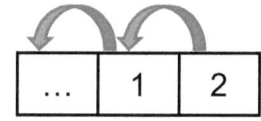

⑧ J'ÉCRIS LES NOMBRES QUI VIENNENT JUSTE AVANT ET JUSTE APRÈS.

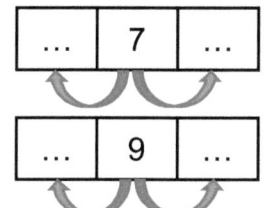 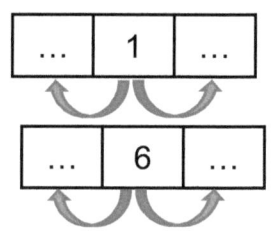 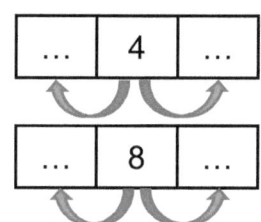

⑨ JE DEVINE LE CHIFFRE MANQUANT.

5	...	2	10
4	1	...	10
...	6	3	10
10	10	10	10

7	1	...	10
3	...	4	10
...	6	4	10
10	10	10	10

...	3	1	10
...	2	...	10
4	...	...	10
10	10	10	10

⑩ JE COLORIE EN OBSERVANT LES CODES.

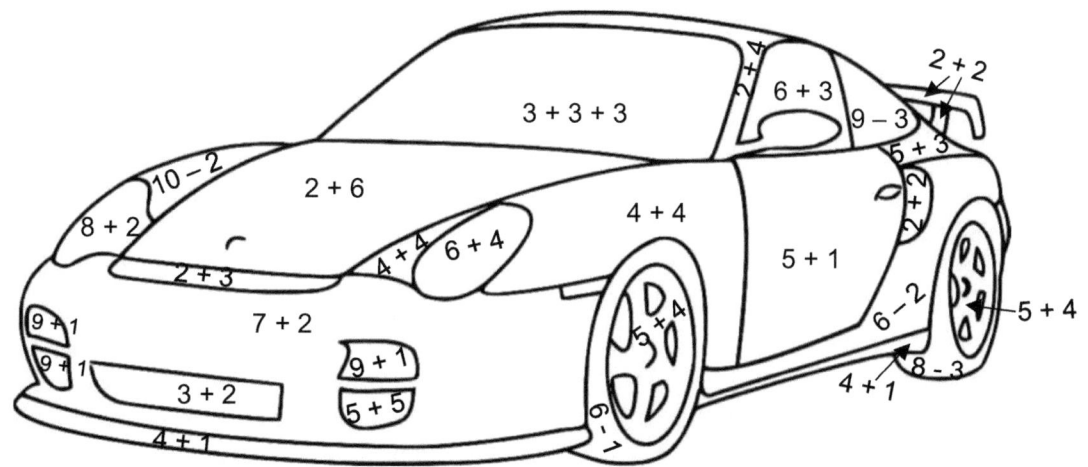

5 = noir   8 = rouge   9 = gris   6 = violet   10 = jaune   4 = vert

⑪ JE COMPTE LES NOMBRES DE POINTS, PUIS JE CALCULE.

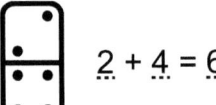 2 + 4 = 6   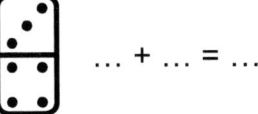 ... + ... = ... + ... = ...

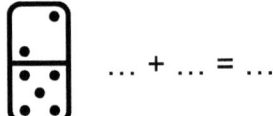 ... + ... = ... + ... = ... + ... = ...

... + ... = ... + ... = ... + ... = ...

⑫ JE RÉSOUS LES PROBLÈMES SUIVANTS.

(A). La mère de Sami lui donne **5 €**. Son père lui donne **4 €**. <u>Combien d'argent les parents de Sami lui donnent-ils ?</u>

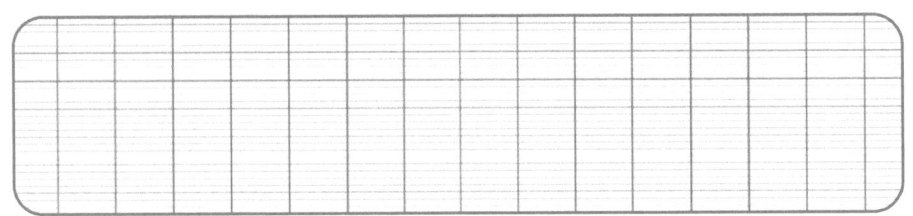

(B). Sur la table de l'atelier menuiserie, il y a **8 brosses de peinture**. Je donne **2 brosses** à Chloé. <u>Combien en reste-t-il ?</u>

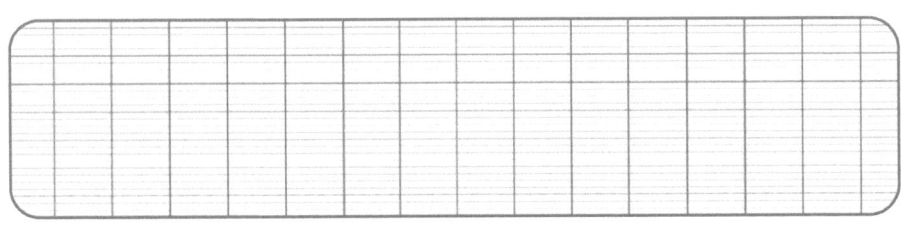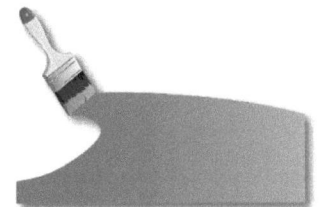

⑬ JE CALCULE CES PETITES OPÉRATIONS.

- 2 + 5 = ...
- 7 + 2 = ...
- 5 + 4 = ...
- 5 + 3 = ...

- 8 + 1 = ...
- 6 + 3 = ...
- 4 + 4 = ...
- 6 + 2 = ...

- 3 + 4 = ...
- 5 + 1 = ...
- 1 + 7 = ...
- 2 + 6 = ...

- 5 – 3 = ...
- 6 – 3 = ...
- 7 – 4 = ...
- 7 – 3 = ...

- 8 – 6 = ...
- 9 – 1 = ...
- 8 – 2 = ...
- 9 – 5 = ...

- 9 – 4 = ...
- 8 – 4 = ...
- 8 – 1 = ...
- 9 – 2 = ...

⑭ JE COMPTE.

Combien de feuilles grises y a-t-il ?
Il y a ... feuilles grises.

Combien d'animaux vois-tu ?
Je vois ... animaux.

Combien de roues le tracteur a-t-il ?
Le tracteur a ... roues.

Combien de fleurs y a-t-il ?
Il y a ... fleurs.

⑮ JE COLORIE.

a) **en rouge** le plus grand nombre.

   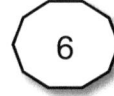 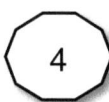

b) **en bleu** le plus petit nombre.

 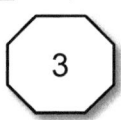 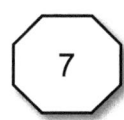 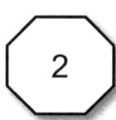   

c) **en orange** les nombres plus grands que 2.

d) **en vert** les nombres plus petits que 6.

LES NOMBRES DE 1 À 19

① JE RÉVISE.

- 9 + 1 = …
- 6 + 4 = …
- 2 + 8 = …

- 3 + 10 = …
- 8 + … = 10
- 5 + … = 10

- 1 + … = 10
- 4 + … = 10
- 7 + … = 10

② J'EFFECTUE CES OPÉRATIONS.

- 9 + 1 = …
- 10 + 0 = …
- 10 + 1 = …
- 10 + 2 = …

- 10 + 3 = …
- 10 + 4 = …
- 10 + 5 = …
- 10 + 6 = …

- 10 + 7 = …
- 10 + 8 = …
- 10 + 9 = …
- 10 + 10 = …

+	1	2	3	4	5	6	7	8	9
10	…	…	…	…	…	…	…	…	…

    = …      = …

   = …     = …

    = …      = …

   = …      = …

③ JE CALCULE LES SOMMES SUIVANTES.

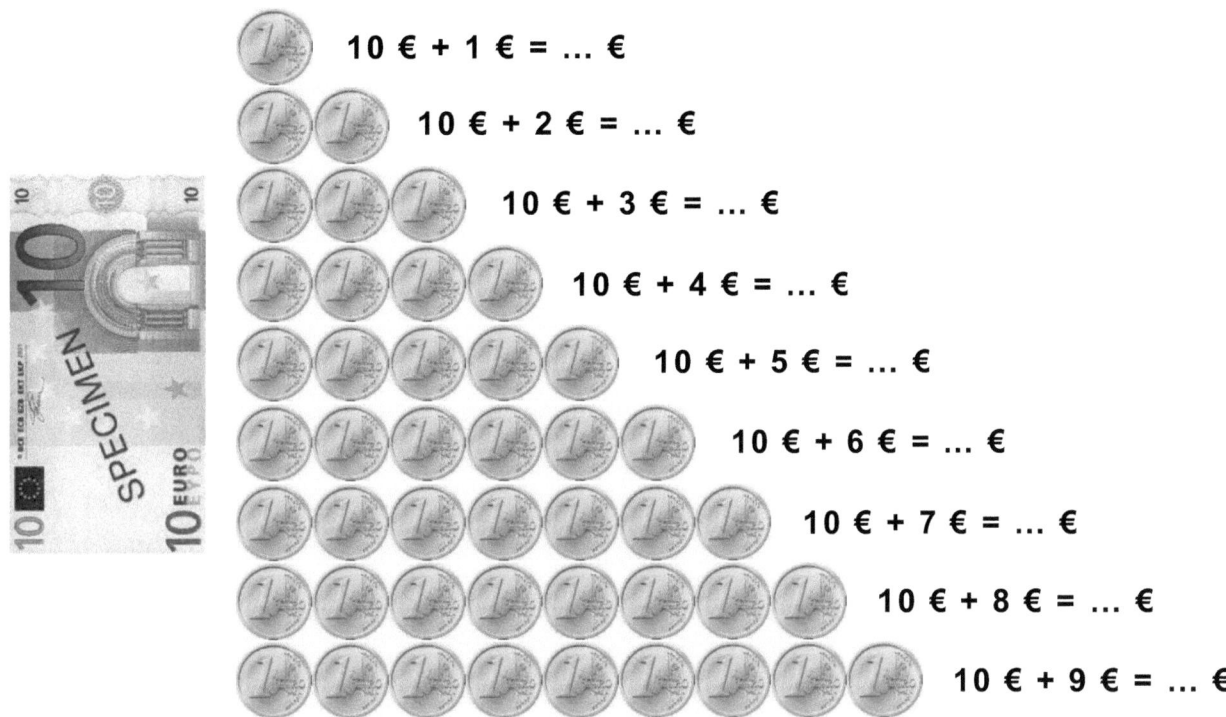

10 € + 1 € = ... €

10 € + 2 € = ... €

10 € + 3 € = ... €

10 € + 4 € = ... €

10 € + 5 € = ... €

10 € + 6 € = ... €

10 € + 7 € = ... €

10 € + 8 € = ... €

10 € + 9 € = ... €

④ JE RÉSOUS LES PROBLÈMES SUIVANTS.

(A). Dans l'atelier de Souad, il y a **10 machines à laver** et dans l'atelier d'Aude il y a **7 machines à laver**. <u>Combien de machines à laver y a-t-il dans les deux ateliers ensemble ?</u>

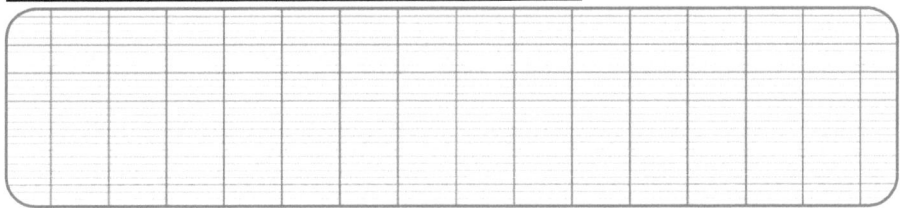 

(B). Dans un bassin à élevage, il y a **18 poissons**. **8** sont des carpes et les autres sont des turbots. <u>Combien y a-t-il de turbots ?</u>

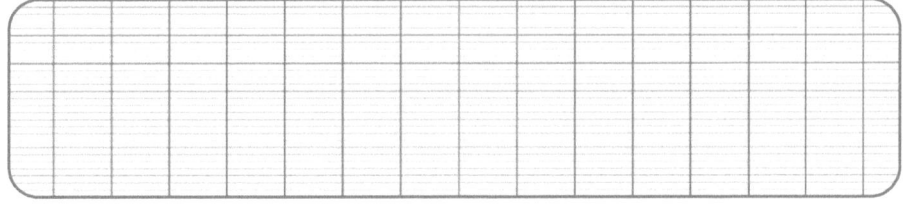 

(C). Djamal a **16 €** et son camarade Ismaël a **10 €**. <u>Qui a le plus d'argent ? Combien en a-t-il de plus que son camarade ?</u>

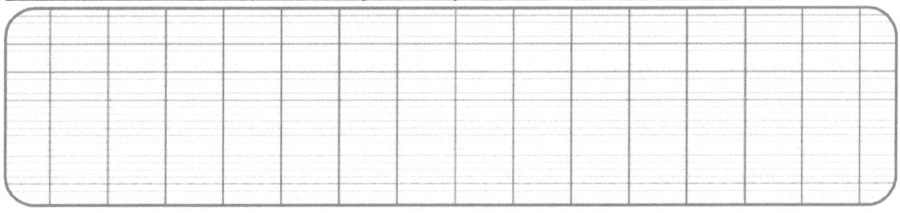

⑤ J'ÉCRIS EN CHIFFRES LES NOMBRES DE 0 À 19, PUIS DE 19 À 0.

⑥ JE RECOPIE :

onze - onze - onze -

douze - douze -

treize -

quatorze -

quinze -

seize -

dix-sept -

dix-huit -

dix-neuf -

⑦ JE RANGE CES NOMBRES DU PLUS PETIT AU PLUS GRAND.

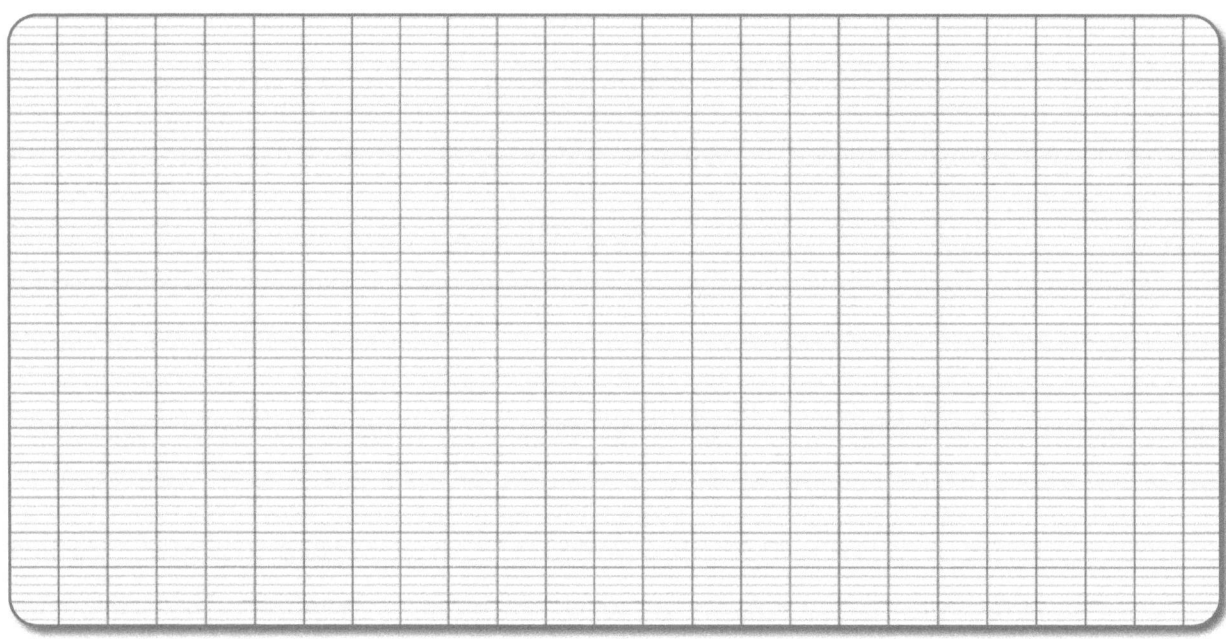

15   19   11   13   17

...   .

⑧ **JE RANGE CES BOUTEILLES DE LA PLUS PETITE À LA PLUS GRANDE.**

... ...

⑨ **JE RANGE CES ARTICLES DU PLUS CHER AU MOINS CHER.**

... ...

⑩ **J'AVANCE D'UNE CASE ET JE COMPLÈTE.**

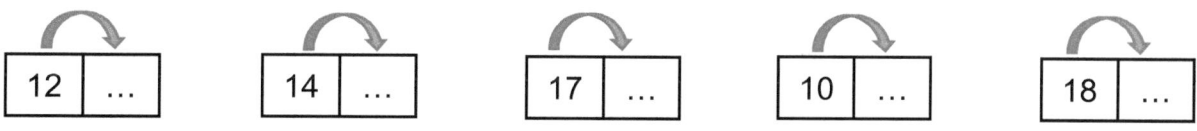

⑪ **J'AVANCE DE DEUX CASES ET JE COMPLÈTE.**

⑫ JE RECULE D'UNE CASE ET JE COMPLÈTE.

 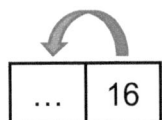 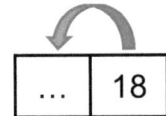  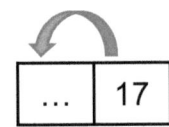

⑬ JE RECULE DE DEUX CASES ET JE COMPLÈTE.

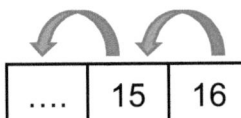 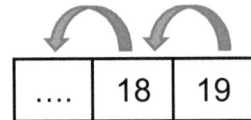 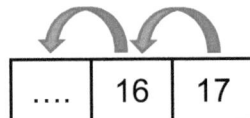 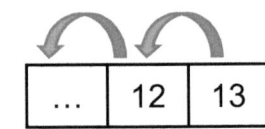

⑭ J'ÉCRIS LES NOMBRES QUI VIENNENT JUSTE AVANT ET JUSTE APRÈS.

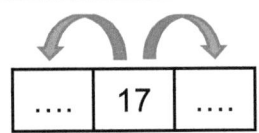 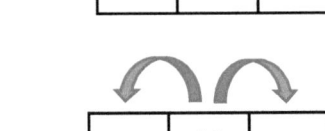 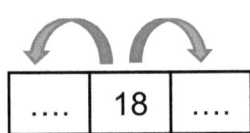

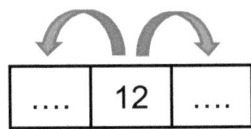

⑮ JE CALCULE ET COLORIE LES CASES.

10 + 4	11 + 3	9 + 5	10 + 4	19 – 5	5 + 9	10 + 4	1 + 13	3 + 11	8 + 6
3 + 11	7 + 7	18 – 4	3 + 11	2 + 13	11 + 4	11 + 3	4 + 10	10 + 4	11 + 3
12 + 2	10 + 4	8 + 6	8 + 7	3 + 12	10 + 5	19 – 4	9 + 5	12 + 2	7 + 7
10 + 4	11 + 3	6 + 9	18 – 3	9 + 6	13 + 2	9 + 6	5 + 10	10 + 4	17 – 3
16 – 2	5 + 10	16 – 1	6 + 9	10 + 5	17 – 2	11 + 4	7 + 8	1 + 14	10 + 4
11 + 3	12 + 2	17 + 1	11 + 7	6 + 12	19 – 1	13 + 5	15 + 3	10 + 4	12 + 2
7 + 7	10 + 4	12 + 6	5 + 13	9 + 9	16 + 2	7 + 11	10 + 8	11 + 3	7 + 7
10 + 4	15 – 1	10 + 8	8 + 10	10 + 3	12 + 6	18 – 5	11 + 7	2 + 12	10 + 4
19 – 3	11 + 5	14 + 4	4 + 14	16 – 3	19 – 1	13 + 5	6 + 12	8 + 8	12 + 4

14 = bleu

18 = jaune

15 = marron

13 = rouge

16 = vert

LE DÉCIMÈTRE ET LE CENTIMÈTRE

① JE COMPTE PAR 1 DE 0 À 19, PUIS DE 19 À 0.

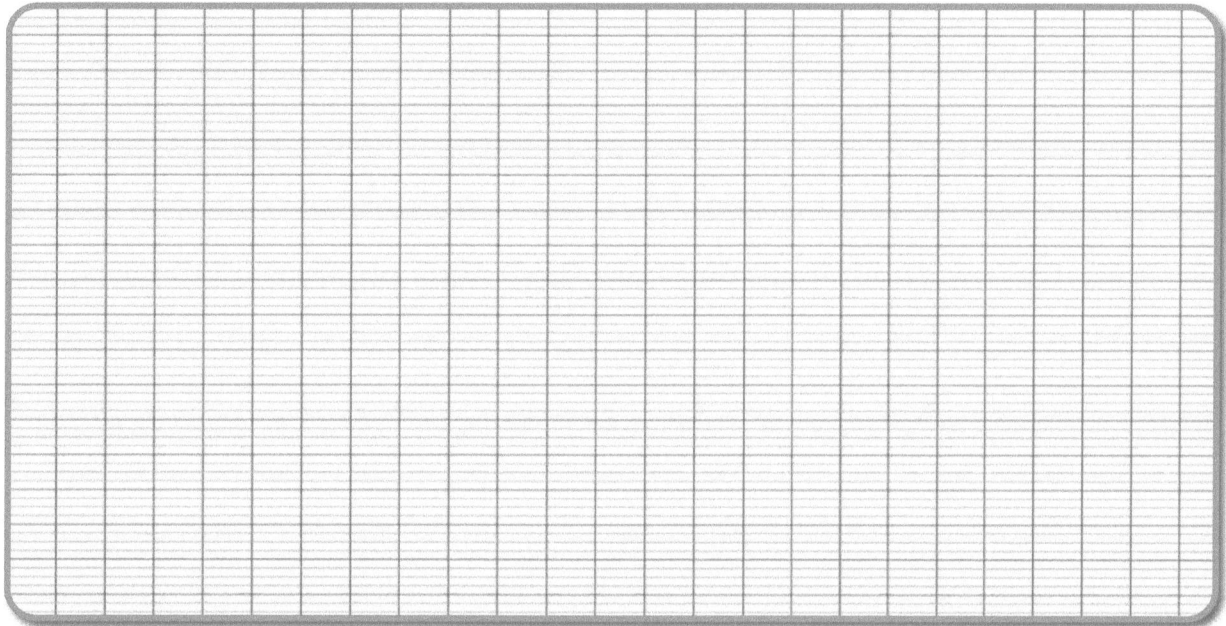

② J'APPRENDS À ME SERVIR D'UNE RÈGLE ET D'UN DOUBLE-DÉCIMÈTRE.

- Une **règle** est divisée en centimètres.

Pour tracer une ligne, j'ai besoin de compter les centimètres sur une règle.

Je regarde le dessin, puis je complète :

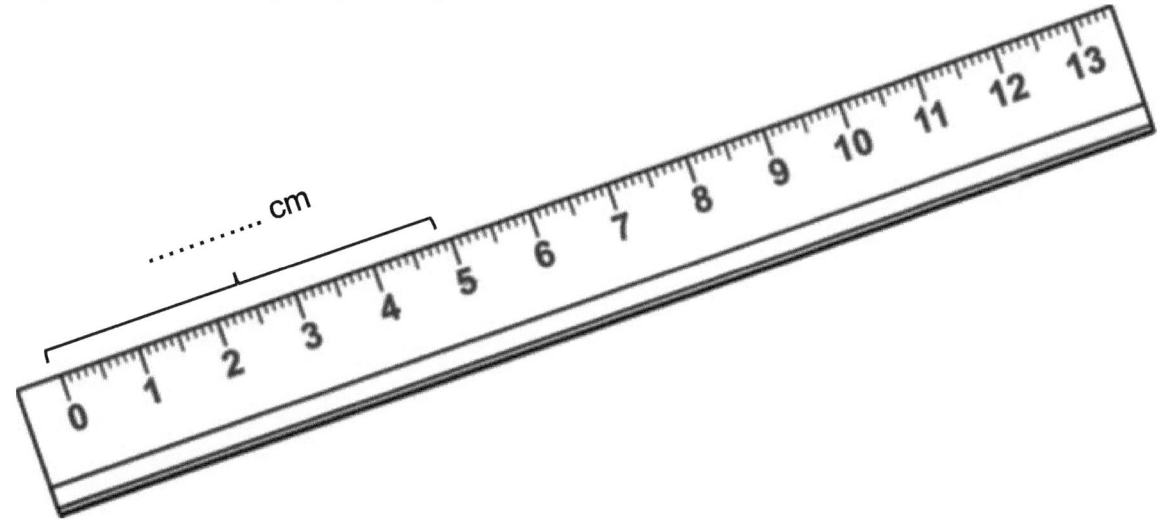
.... cm

Un décimètre est une dizaine de centimètres.   1 dm = 10 cm

- Dans le **double-décimètre**, je compte 2 décimètres.   2 dm = 20 cm

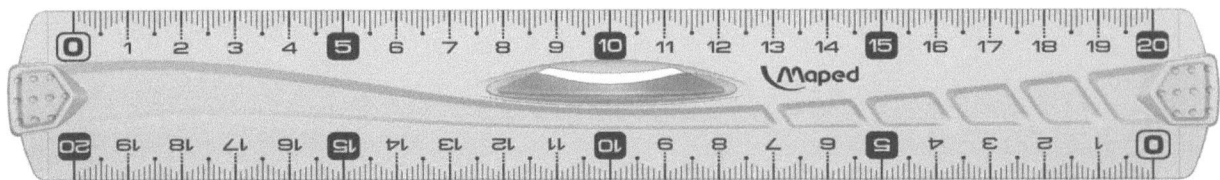

③ JE COMPRENDS.

(A). Je mesure la longueur d'un crayon à papier. Il mesure … cm.

(B). Je gradue une bande de papier : de 0 à 10 cm ; de 0 à 15 cm.

(C). Je montre sur un double-décimètre : 1 cm ; 5 cm ; 8 cm ; 1 dm et 2 cm.

(D). Je trace bout à bout en me servant de deux couleurs différentes : des lignes mesurant 5 cm et 4 cm ; 6 cm et 4 cm ; 1 dm et 2 cm.

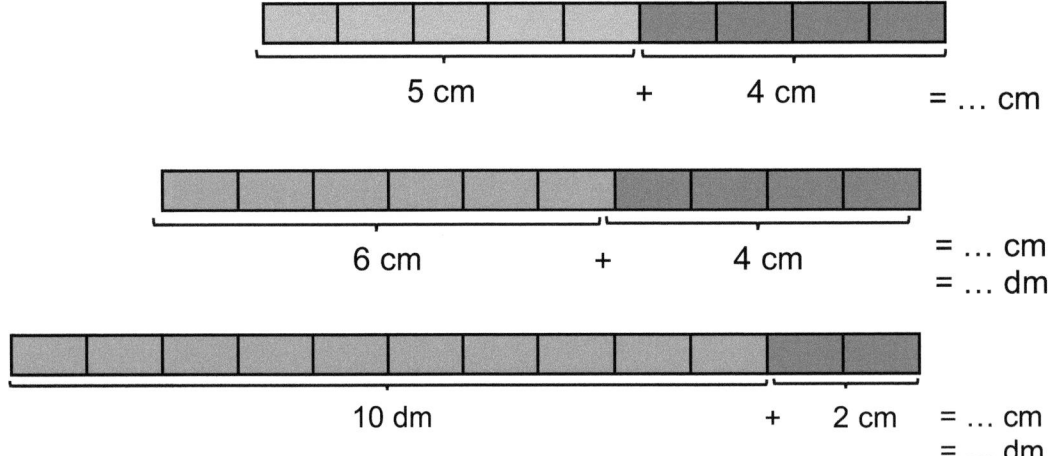

(E). Je trace une ligne de 5cm ; de 6 cm ; de 8 cm ; de 14 cm.

(F). Je trace deux lignes parallèles de 5 cm ; de 15 cm ; de 19 cm.

(G). Je complète.

- 1 dm et 7 cm = … cm
- 1 dm et 3 cm = … cm
- 1 dm et 6 cm = … cm
- 1 dm et 8 cm = … cm
- 1 dm = … cm

- 11 cm = … dm et … cm
- 19 cm = … dm et … cm
- 17 cm = … dm et … cm
- 12 cm = … dm et … cm
- 10 cm = … dm

(H). Je mesure, puis je complète.

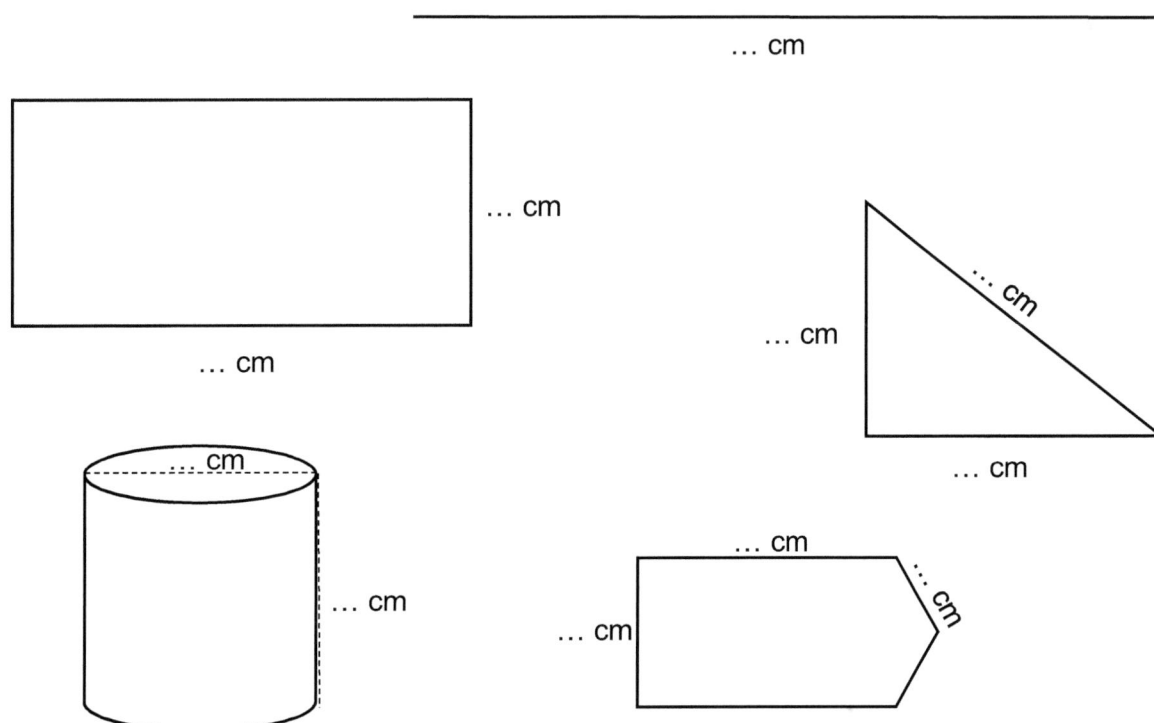

LES NOMBRES DE 0 À 20 (RÉVISION)

① J'OBSERVE, PUIS JE CALCULE.

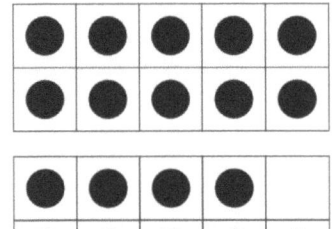

19 + 1 = …

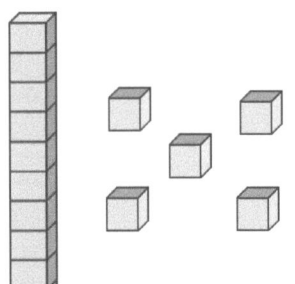 + 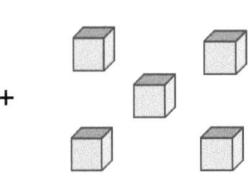 =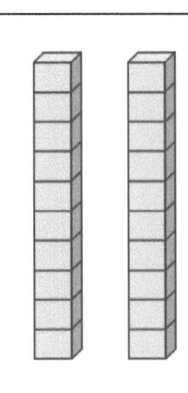

… + … = …

② DOUBLES ET MOITIÉS.

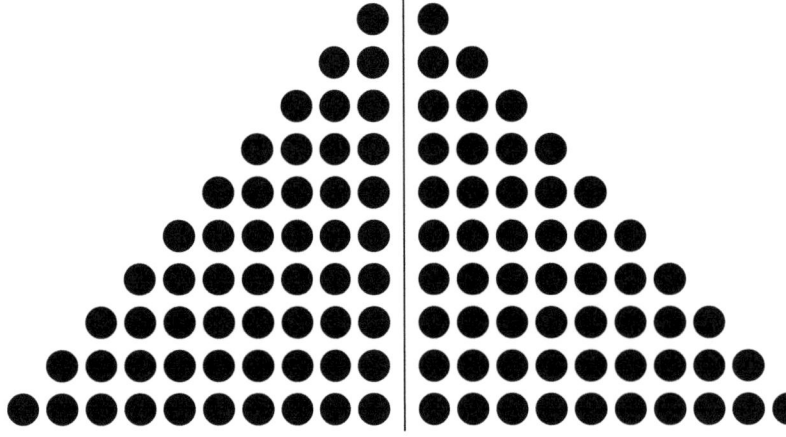

1 + 1 = 2
2 + 2 = …
3 + 3 = …
4 + 4 = …
5 + 5 = …
6 + 6 = …
7 + 7 = …
8 + 8 = …
9 + 9 = …
10 + 10 = …

③ JE COMPLÈTE.

1 + 1 = …   La moitié de 2 est …   6 + 6 = …   La moitié de 12 est …
2 + 2 = …   La moitié de 4 est …   7 + 7 = …   La moitié de 14 est …
3 + 3 = …   La moitié de 6 est …   8 + 8 = …   La moitié de 16 est …
4 + 4 = …   La moitié de 8 est …   9 + 9 = …   La moitié de 18 est …

④ **J'EFFECTUE CES PETITES OPÉRATIONS.**

	7		6		8		9		...		...
+	7	+	6	+	...	+	...	+	...	+	...
=	...	=	...	=	...	=	18	=	14	=	10

⑤ **JE TRACE UNE LIGNE BLEUE DE 4 CM ET UNE LIGNE ROUGE QUI EN SOIT LE DOUBLE.**

⑥ **JE TRACE UNE LIGNE ROUGE DE 10 CM ET UNE LIGNE BLEUE QUI SOIT LA MOITIÉ DE LA LIGNE ROUGE.**

⑦ **J'ÉCRIS LE NOMBRE QUI VIENT JUSTE AVANT ET CELUI QUI VIENT JUSTE APRÈS.**

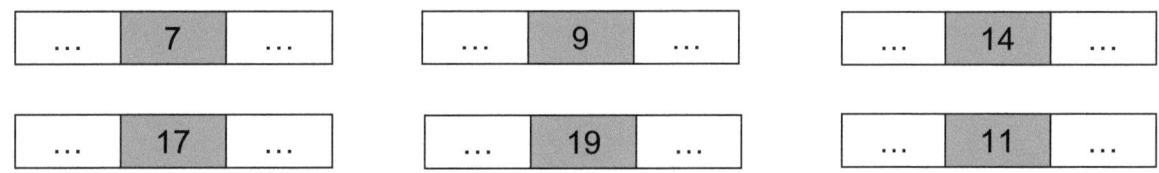

⑧ **J'ÉCRIS LES NOMBRES DU PLUS PETIT AU PLUS GRAND.**

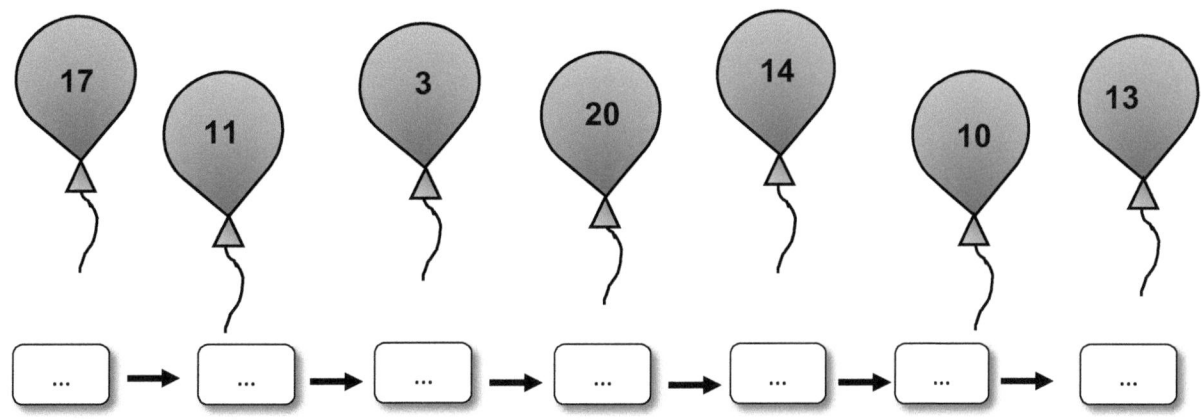

LE SENS DE L'ADDITION

① JE RÉVISE.

• 9 + ... = 10	• 2 + ... = 10	• 6 + ... = 10	• 10 + ... = 20
• 3 + ... = 10	• 8 + ... = 10	• 3 + ... = 6	• 2 + ... = 4
• 8 + ... = 16	• 5 + ... = 10	• 4 + 4 = ...	• 7 + ... = 10

② J'APPRENDS À ADDITIONNER.

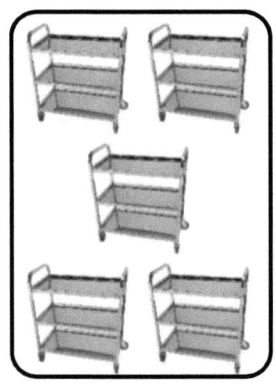 + 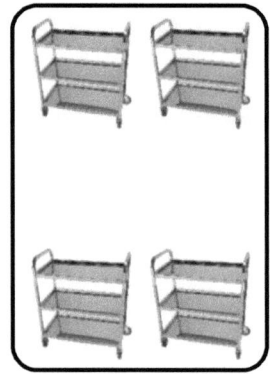 =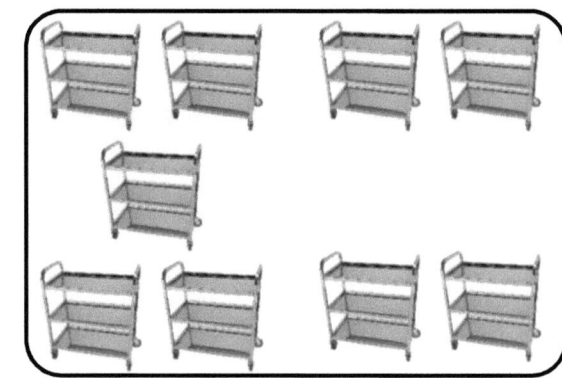

5 chariots + 4 chariots = 9 chariots

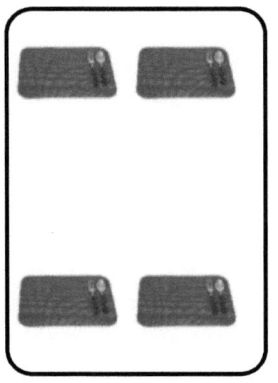 + 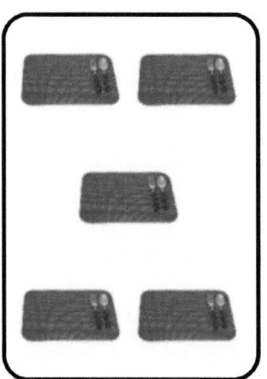 =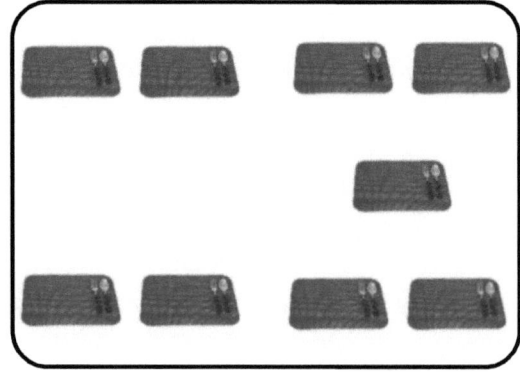

4 sets de table + 5 sets de table = 9 sets de table

⇨ On écrit **l'opération additive** de la façon suivante :

```
    5   chariots              4   sets de table
+   4   chariots          +   5   sets de table
=   9   chariots          =   9   sets de table
```

③ J'APPRENDS À ADDITIONNER DES LONGUEURS.

⇨ On écrit :

```
   4 cm          2 cm
+  2 cm       +  4 cm
=  6 cm       =  6 cm
```

④ JE RÉSOUS CES PROBLÈMES.

(A). Il y a **6 gâteaux** dans une assiette. Emma ajoute **4 gâteaux**. Il y a maintenant dans l'assiette ... gâteaux.

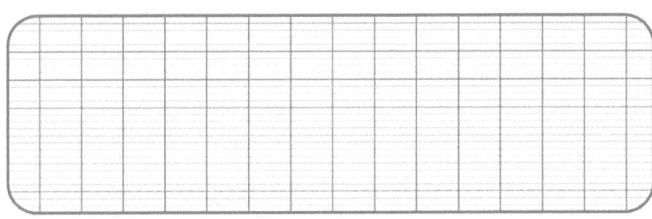  

(B). Michel a **5 €**. Il en gagne **8 €** de son père. Il a maintenant ... €.

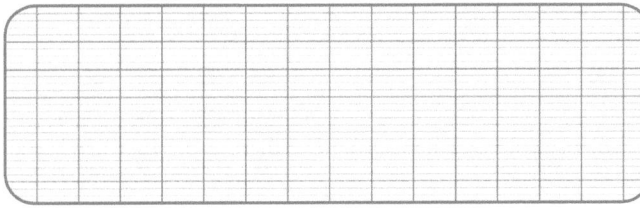    

(C). Sur la table du bureau de mon père, il y a **8 dossiers bleus** et **6 dossiers jaunes**. <u>Combien de dossiers y a-t-il sur le bureau de mon père ?</u>

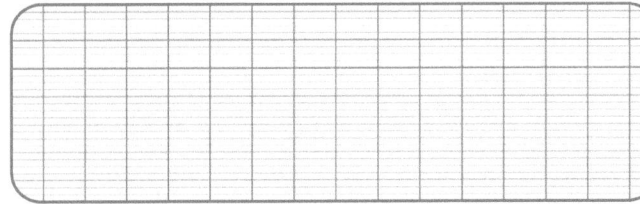 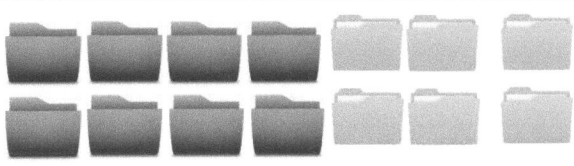

(D). Dans une cave il y a **6 bouteilles de vin rouge** et **6 bouteilles de vin blanc**. <u>Combien y a-t-il de bouteilles dans la cave ?</u>

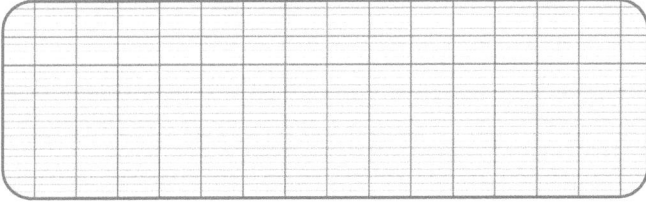 

⑤ JE CALCULE.

```
   4 euros              7 jeux vidéo           7 œufs              9
+  2 euros           +  3 jeux vidéo        +  7 œufs          +   1
= ... euros          = ... jeux vidéo       = ... œufs         = ...
```

```
   5 stylos             9 tables               6 carrés            8
+  6 crayons         +  7 chaises           +  8 triangles     +   8
= ... stylos         = ... tables           = ... carrés       = ...
  et crayons           et chaises             et triangles
```

8 cm + 8 cm = ... cm   9 dm + 9 dm = ... dm

6 cm + 6 cm = ... cm   8 dm + 2 dm = ... dm

⑥ J'OBSERVE LE DESSIN, PUIS J'ÉCRIS LE CALCUL.

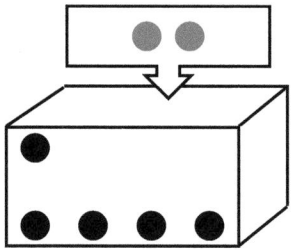 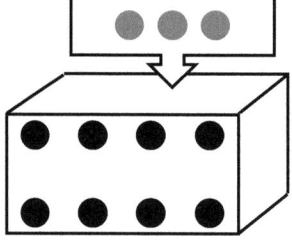 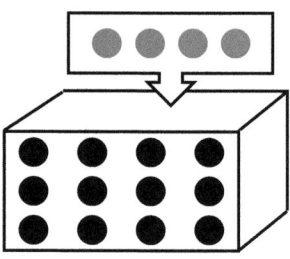

5 + 2 = ... + ... = ... + ... = ...

```
   5                    ...                          ...
+  2                 +  ...                       +  ...
= ...                = ...                        = ...
```

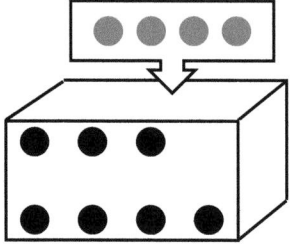  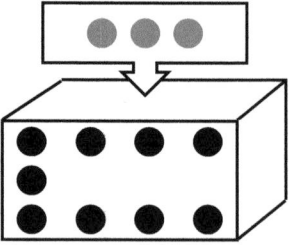

7 + 4 = ... + ... = ... + ... = ...

```
   7                    ...                          ...
+  4                 +  ...                       +  ...
= ...                = ...                        = ...
```

AJOUTER 2

① JE RÉVISE.

▪ 12 + 2 = ...	▪ 17 + 3 = ...	▪ 16 + ... = 19	▪ 9 + ... = 18
▪ 13 + ... = 16	▪ 5 + ... = 10	▪ 7 + ... = 14	▪ 8 + ... = 16
▪ 14 + ... = 18	▪ 10 + 5 = ...	▪ 15 + ... = 18	▪ 7 + 10 = ...

② J'AJOUTE 2.

③ JE COMPTE PAR 2 EN SAUTANT UN NOMBRE.

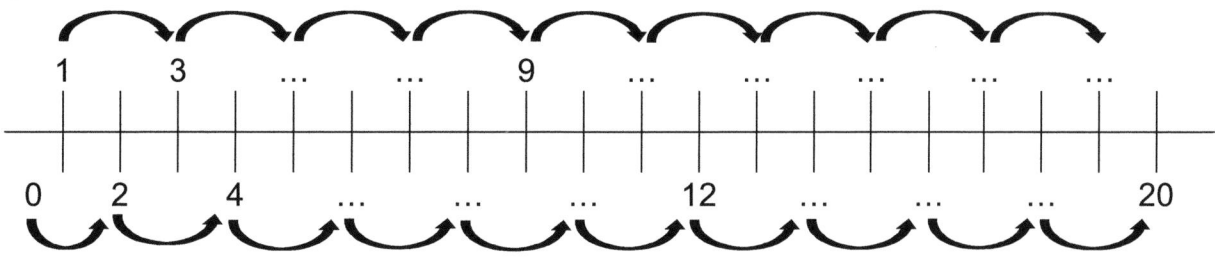

	10	16	8	15	11	1	8	5	7	17
+ 2	12	...	...	...	...	...	...	...	...	...

④ J'OBSERVE, PUIS JE COMPLÈTE.

NOMBRES PAIRS					
0	2	...	6	...	...
12	...	...	18	...	

NOMBRES IMPAIRS				
1	...	...	7	...
11	...	15	...	...

⑤ JE RÉSOUS CES PROBLÈMES.

(A). Rayan a **5 €**. Il gagne **2 €**. Rayan a maintenant ... €.

(B). Je me promène. Je fais **8 pas**, puis **2** et encore **2**. J'ai fait ... pas.

⑥ JE RANGE LES NOMBRES SUIVANTS DU PLUS PETIT AU PLUS GRAND. ENSUITE, JE COLORIE EN ROUGE LES BOÎTES OU SE TROUVENT LES NOMBRES PAIRS.

18 | 7 | 13 | 20 | 3 | 16 | 1 | 11 | 2

....

⑦ J'EFFECTUE CES OPÉRATIONS.

```
   1 3        1 6        1 2        1 8        1 0
+    2     +    2     +    2     +    2     +    2
  ———        ———        ———        ———        ———
  ... ...    ... ...    ... ...    ... ...    ... ...


   1 1        1 4          9          8        1 5
+    2     +    2     +    2     +    2     +    2
  ———        ———        ———        ———        ———
  ... ...    ... ...    ...        ...        ... ...
```

RETRANCHER 2

① JE COMPTE PAR 2 DE 0 À 20, PUIS DE 1 À 19.

② J'OBSERVE. JE RETRANCHE 2 DANS CHAQUE GROUPE.

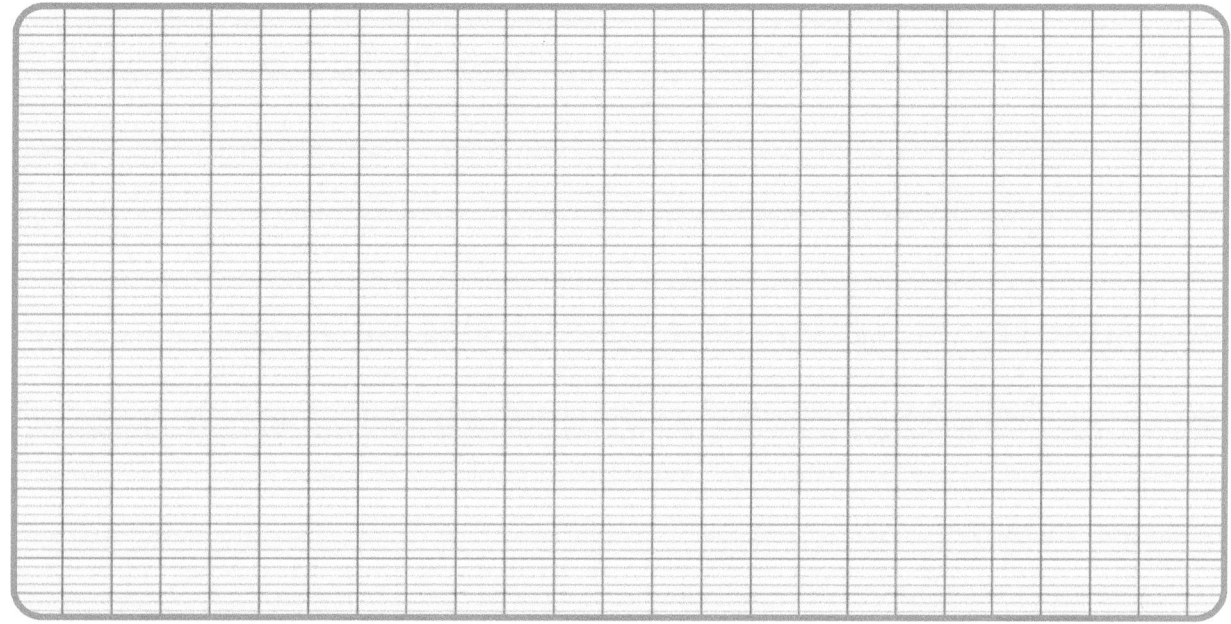

Au total, il y a _____ parapluies. J'en enlève 2.
Il me reste _____ parapluies.

Au total, il y a _____ clés à fourche. J'en enlève 2.
Il me reste _____ clés à fourche.

③ JE GRADUE EN CENTIMÈTRES DEUX REGLETTES EN CARTON DE 20 CM.

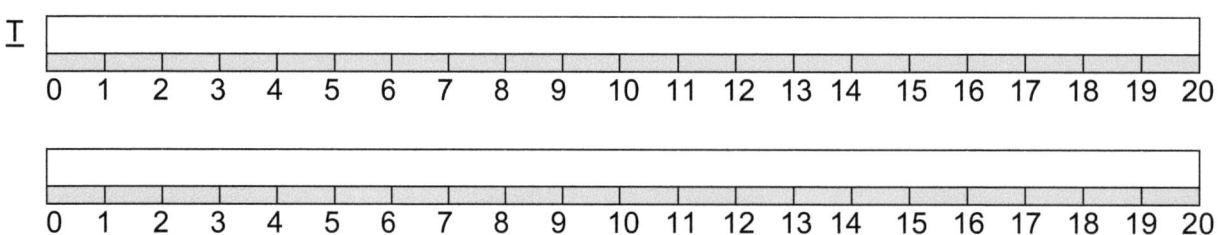

④ ENSUITE, JE COUPE DES MORCEAUX DE 2 CM.

- en partant de **0**.

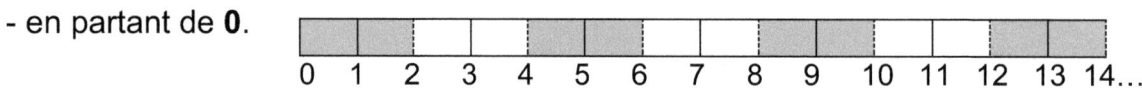

- en partant de **1**.

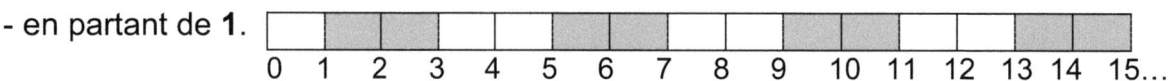

⑤ JE COMPTE CE QUI RESTE AU FUR ET À MESURE, PUIS J'ÉCRIS LES RÉSULTATS.

a) avec la première réglette :

Nombres pairs

b) avec la deuxième réglette :

Nombres impairs

⑥ JE RÉSOUS LES PROBLÈMES SUIVANTS.

(A). Jonathan avait **6 blocs de post-it**. Il perd **2 blocs**. Jonathan a maintenant … blocs de post-it.

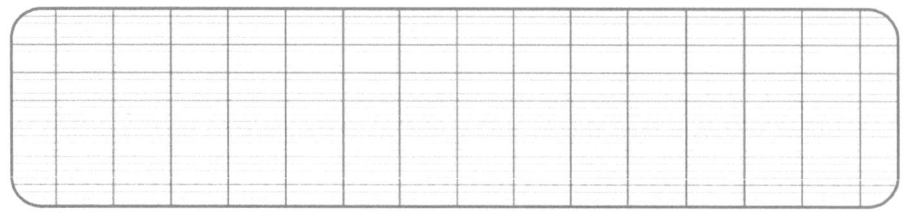 

(B). Hugo avait **16 survêtements**. Il en donne **2** à Victor et **2** à Maël. Il lui reste ... survêtements.

(C). **20 personnes** font la queue pour retirer de l'argent devant un distributeur automatique. **Deux** s'en vont. Combien en reste-t-il ?

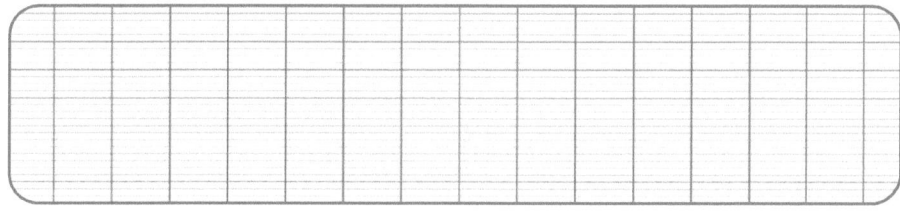

(D). J'avais **14 livres** dans ma petite bibliothèque. Ma cousine emprunte **2 livres**. Combien de livres me reste-t-il ?

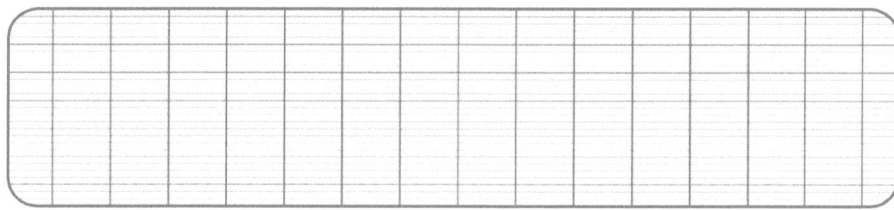

(E). Mon père collectionne des horloges anciennes. Il avait **18 horloges**. Il en vend **2**. Combien en reste-t-il ?

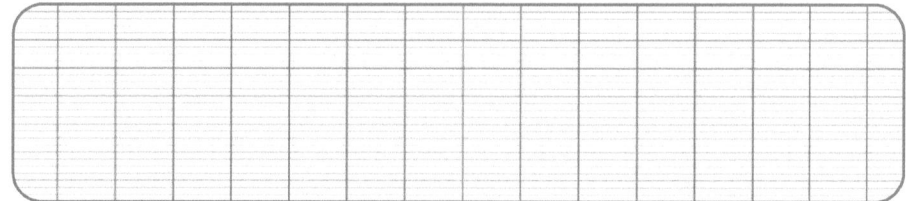

(F). Dans un fast-food, j'ai acheté un grand menu au prix de **9 euros**. J'ai obtenu **2 euros** de réduction sur cet achat. Combien m'a coûté le menu ?

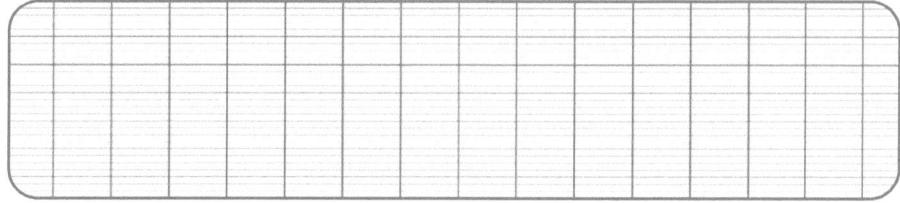

LE SENS DE LA SOUSTRACTION

① JE RÉVISE.

• 8 – 2 = ...	• 16 – 2 = ...	• 17 – 2 = ...	• 13 – 2 = ...
• 5 – 2 = ...	• 19 – 2 = ...	• 14 – 2 = ...	• 18 – 2 = ...
• 3 – 2 = ...	• 11 – 2 = ...	• 15 – 2 = ...	• 10 – 2 = ...

② J'APPRENDS À UTILISER LA SOUSTRACTION.

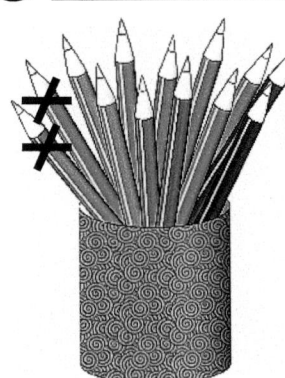

J'ai **13 crayons**.

Je prends **2 crayons**.

⇨ Il reste ... crayons.

Il y a **15 carrés**.

J'enlève **2 carrés**.

⇨ Il reste ... carrés.

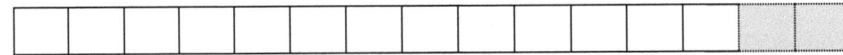

15 carrés – 2 carrés = ... carrés

 Pour **calculer le reste** j'effectue une **soustraction** :

```
    1 3              1 5
  –   2            –   2
  ───              ───
reste = ... ...   reste = ... ...
```

On lit :   **13 crayons**, j'en enlève **2**, il reste ... crayons.

15 carrés, j'en enlève **2**, il reste ... carrés.

 On fait aussi une **soustraction** pour calculer **une différence** entre deux choses.

 −  =

 Pour calculer la **soustraction**, j'utilise **les tables d'addition** :

5 − 2 = 3   parce que   **3 + 2 = 5**

③ JE RÉSOUS LES PROBLEMES SUIVANTS.

(A). Dans une boite, il y a **16 chocolats**. Mélissa en prend **4**. Il reste ... chocolats.

(B). Dans une caisse, il y a **6 bouteilles**. J'en prends **2**. Il reste ... bouteilles.

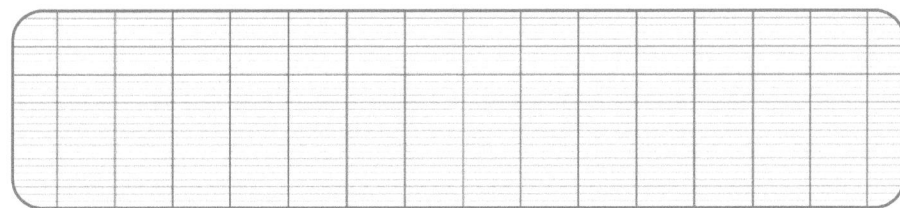 

(C). En français, j'ai obtenu **8 points** et Dylan a **3 points** *de moins que moi*. Combien de points a obtenu Dylan, en français ?

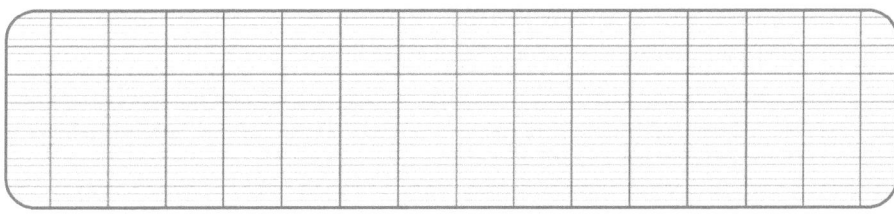 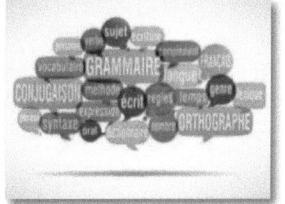

L'ADDITION ET LA SOUSTRACTION (1)

① JE RÉVISE L'UTILISATION DES DOUBLES.

- 2 + 2 = ...
- 4 + 4 = ...
- 5 + 5 = ...
- 6 + 6 = ...
- 8 + 8 = ...
- 10 + 10 = ...
- 3 + 3 = ...
- 7 + 7 = ...

② J'AJOUTE 1 AU DOUBLE DU PETIT NOMBRE.

- Éric a ... **gommes**.

- Olivier a **6 gommes**, c'est-à-dire :

    5 + 6
  ou **5 + 5 + 1**
  ou **10 + 1 = 11 gommes**

③ JE CALCULE LES ADDITIONS ET LES SOUSTRACTIONS.

- 1 + 10 = ...
- 5 + 6 = ...
- 15 − 4 = ...
- 2 + 9 = ...
- 6 + 5 = ...
- 14 − 3 = ...
- 3 + 8 = ...
- 7 + 4 = ...
- 13 − 2 = ...
- 4 + 7 = ...
- 8 + 3 = ...
- 12 − 1 = ...

④ JE RETRANCHE 1 DU DOUBLE DU GRAND NOMBRE.

- Inès a **8 glaces**.

- Maël a **7 glaces**, c'est-à-dire : **8 − 1**

  Inès et Maël ont ensemble : **8 + 7**
        ou **8 + 8 − 1**
        ou **16 − 1 = 15 glaces**

⑤ À LA FIN, Y A-T-IL PLUS OU MOINS ?

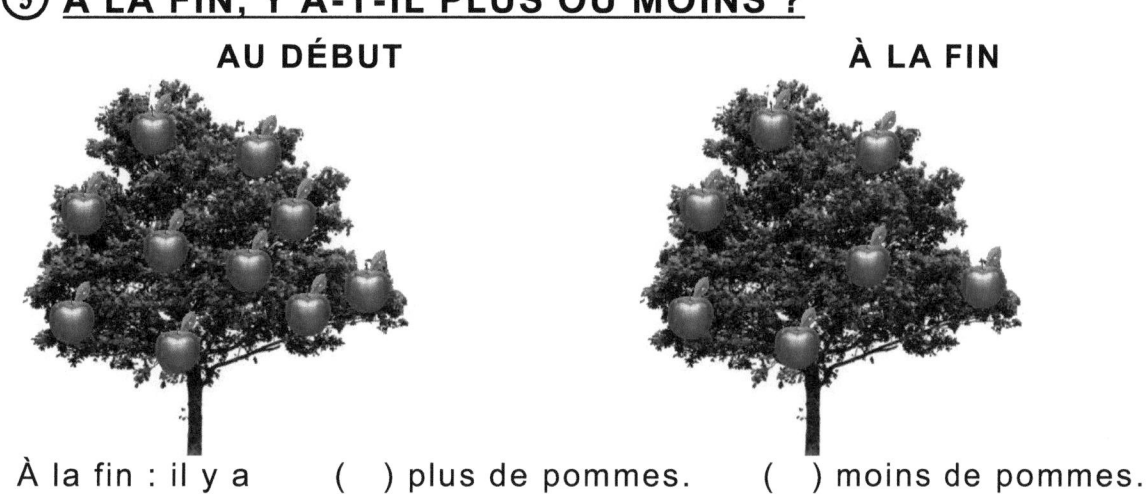

À la fin : il y a   ( ) plus de pommes.   ( ) moins de pommes.

À la fin : il y a   ( ) plus de ballons.   ( ) moins de ballons.

⑥ JE COLORIE LA BONNE OPÉRATION.

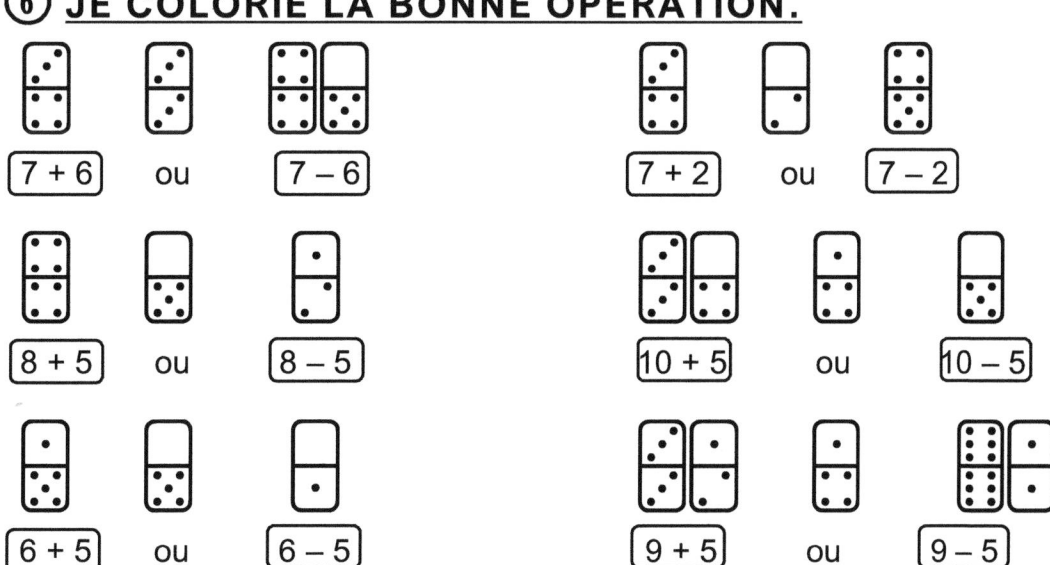

⑦ JE COLORIE LE BON SCHÉMA.

(A). J'ai **12 €**. Je gagne **5 € de plus**.

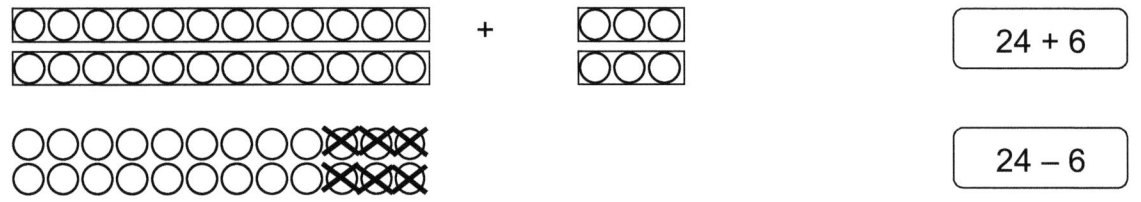

12 + 5

12 − 5

(B). Christian avait une boîte de **24 crayons feutres**. Sa sœur lui donne **6 crayons feutres**.

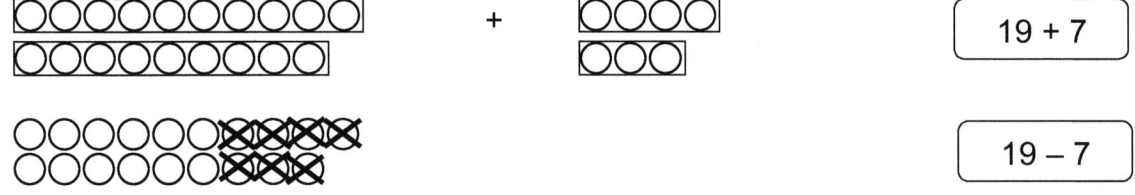

24 + 6

24 − 6

(C). Jean-Paul avait **19 images**. Son petit frère Éric lui en déchire **7**.

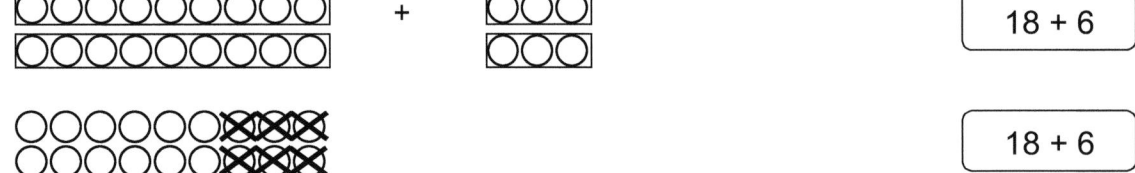

19 + 7

19 − 7

(D). Marine a **18 €**. J'ai **6 € de moins qu'elle**.

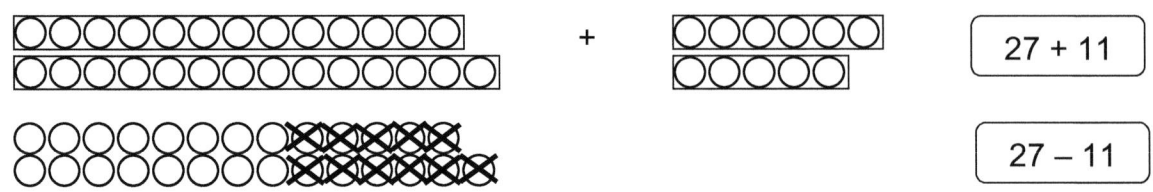

18 + 6

18 + 6

(E). Tino a **27 livres**. Sa mère lui en offre **11**.

27 + 11

27 − 11

⑧ JE RÉSOUS LES PROBLÈMES SUIVANTS.

(A). J'ai **8 tomates rouges** et **9 tomates jaunes**. J'ai en tout ... tomates.

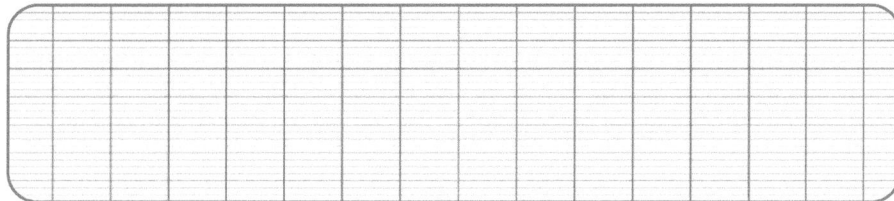

(B). Manon avait **13 euros**. Elle dépense **7 euros**. Il lui reste ... euros.

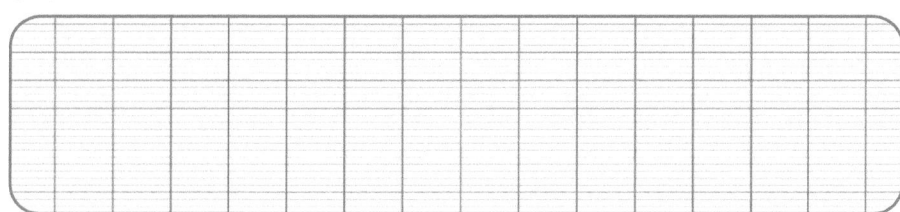

(C). Louis a **7 crayons de couleur** et Amanda a **8 stylos**. Ils ont ensemble ... crayons et stylos.

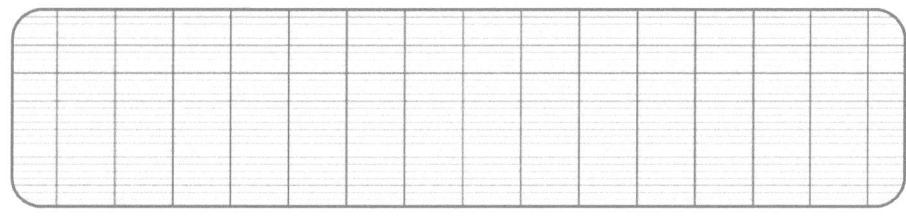

(D). Dans une assiette il y a **17 galettes**. Mes frères mangent **8 galettes**. Il reste ... galettes.

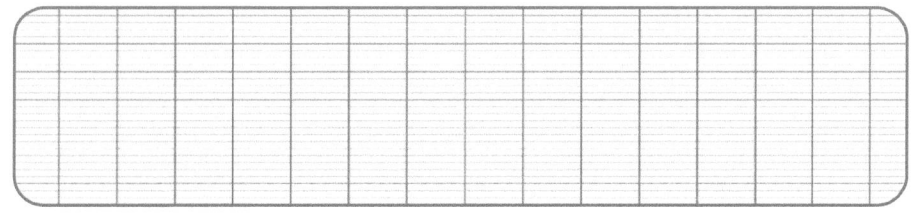

⑨ JE CALCULE LES OPÉRATIONS SUIVANTES.

```
   1 2        1 1        1 5            3            6
+    2     +    6     +    5      + 1 4        + 1 2
  ─────      ─────      ─────       ─────         ─────
  ... ...    ... ...    ... ...     ... ...       ... ...


   1 7        1 9        1 5            9            8
-    5     -    7     -    2      -    4        -    1
  ─────      ─────      ─────       ─────         ─────
  ... ...    ... ...    ... ...      ...           ...
```

⑩ JE CALCULE LES ADDITIONS ET LES SOUSTRACTIONS EN UTILISANT LES CENTIMES.

```
   1 4
 -   2
 ─────
 = 1 2
```

```
   1 9
 -   6
 ─────
 = ... ...
```

```
   1 5
 -   4
 ─────
 = ... ...
```

```
   1 3
 -   7
 ─────
 = ...
```

```
   1 1
 -   8
 ─────
 = ...
```

```
   2 0
 -   3
 ─────
 = ... ...
```

```
   1 8
 -   5
 ─────
 = ... ...
```

```
   1 9
 -   7
 ─────
 = ...
```

LES NOMBRES DE 0 À 30

① JE REPLACE LES NOMBRES DANS LE BON ORDRE.

| 23 | 21 | 28 | 29 | 25 | 30 | 27 | 22 | 24 | 20 | 26 |

| ... | ... | ... | ... | ... | ... | ... | ... | ... | ... | ... |

② JE RELIE.

17 •   • vingt-quatre   10 •   • vingt-cinq

27 •   • dix-sept   28 •   • quatorze

16 •   • treize   19 •   • dix

24 •   • vingt-sept   18 •   • dix-neuf

30 •   • seize   25 •   • vingt-huit

13 •   • trente   14 •   • dix-huit

③ JE COMPLÈTE SUIVANT L'EXEMPLE.

24	2 d 4 u	10 + 10 + 4	20 + 4
18			
26			
27			
19			
15			

④ JE COLORIE L'ÉTIQUETTE QUI CORRESPOND AU NOMBRE DEMANDÉ.

vingt-six	206	26	260	2 006
dix-sept	107	1 007	1 017	17
quinze	5	105	15	1 005
vingt-trois	23	203	2 003	2 013
treize	103	1 003	13	1 013
seize	1 016	106	1 160	16

⑤ JE COMPLÈTE LA SUITE NUMÉRIQUE DE 1 À 30.

1	2	3	...	...	...	...	...	...	**10**
...	12	...	...	...	...	...	18	...	**20**
...	...	23	...	...	26	...	...	...	**30**

⑥ COMBIEN Y A-T-IL DE CUBES ?

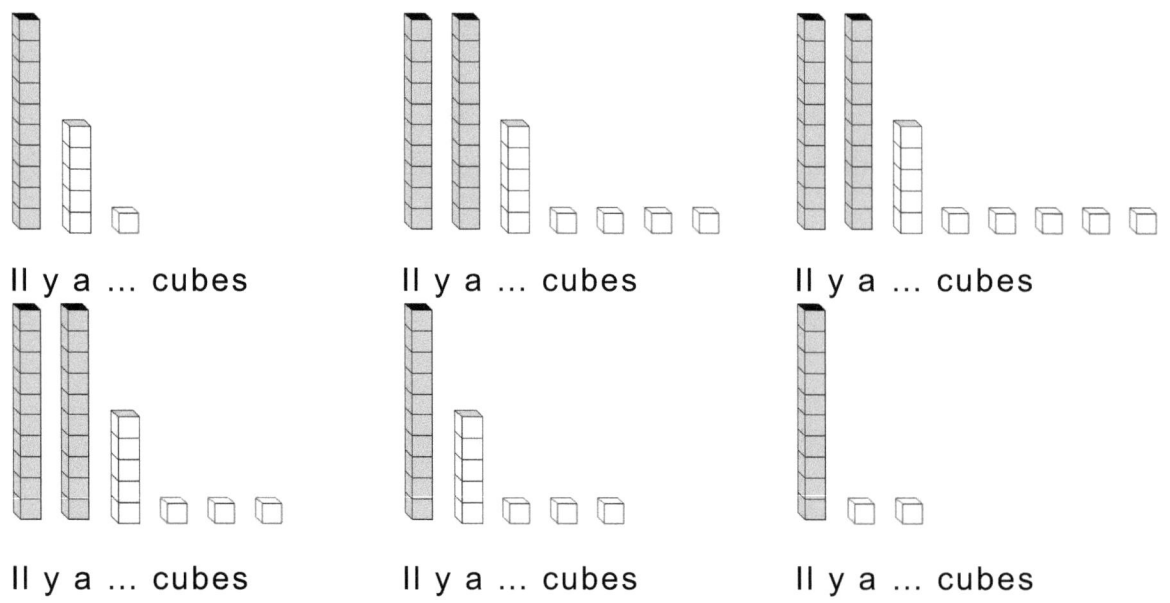

Il y a ... cubes   Il y a ... cubes   Il y a ... cubes

Il y a ... cubes   Il y a ... cubes   Il y a ... cubes

Il y a ... cubes   Il y a ... cubes   Il y a ... cubes

⑦ **JE COMPLÈTE :**

| 0 | 2 | 4 | ... | ... | 10 | ... | ... | ... | ... | 20 | ... | ... | ... | ... | 30 |

⑧ **COMBIEN Y A-T-IL DE CASES ? ÉCRIS LA BONNE RÉPONSE.**

...   ...

...   ...

...   ...

⑨ **JE COMPLÈTE.**

▶ | 12 | 13 | ... | ... | 16 | ▶ | 25 | 26 | ... | 28 | ... |

▶ | 21 | 22 | 23 | ... | ... | ▶ | ... | 22 | ... | ... | 25 |

▶ | 9 | 10 | ... | ... | ... | ▶ | 17 | ... | ... | 20 | ... |

▶ | ... | 18 | 19 | ... | ... | ▶ | 15 | ... | 17 | ... | 19 |

▶ | 20 | ... | 22 | ... | 24 | ▶ | ... | ... | ... | 21 | 22 |

⑩ JE RANGE DU PLUS PETIT AU PLUS GRAND.

20	28	14	23	18	29	10	19	26	21
...	...	...	...	...	...	...	...	...	...

⑪ JE RANGE DU PLUS GRAND AU PLUS PETIT.

15	9	26	19	14	27	11	28	16	30
...	...	...	...	...	...	...	...	...	...

⑫ J'OBSERVE, PUIS JE COMPLÈTE.

2	4	...	...	10	12	14	...	...	20

1	3	5	...	...	...	13	...	...	19

20	22	...	...	28	...	...	34	...	38

30	29	28	...	...	...	...	23	...	...

20	19	...	17	...	...	14	...	...	...

⑬ JE COMPLÈTE EN LETTRES OU EN CHIFFRES.

27	....	26	....
......	trente	......	seize
21	....	11	....
25	....	17	....
......	dix-neuf	......	treize
......	quatorze	28	....
23	....	18	....
......	vingt-deux	......	huit

⑭ J'ÉCRIS LES NOMBRES QUI VIENNNENT JUSTE AVANT ET JUSTE APRÈS.

| ... | 12 | ... |

| ... | 15 | ... |

| ... | 29 | ... |

| ... | 9 | ... |

| ... | 19 | ... |

| ... | 26 | ... |

⑮ JE COMPLÈTE SELON L'EXEMPLE.

25	29
10 + 10 + 5	... + ... + ...
20 + 5	... + ...
vingt-cinq	....
23	**22**
... + ... + ...	... + ... + ...
... + ...	... + ...
....	....
26	**24**
... + ... + ...	... + ... + ...
... + ...	... + ...
....	....
27	**21**
... + ... + ...	... + ... + ...
... + ...	... + ...
....	....

⑯ JE COMPLÈTE AVEC LES SYMBOLES < OU >.

| 12 | ... | 28 |

| 22 | ... | 18 |

| 15 | ... | 26 |

| 26 | ... | 19 |

| 19 | ... | 21 |

| 25 | ... | 17 |

| 29 | ... | 15 |

| 11 | ... | 17 |

| 21 | ... | 23 |

| 19 | ... | 29 |

| 26 | ... | 16 |

| 16 | ... | 12 |

AJOUTER ET SOUSTRAIRE DES DIZAINES

JE REGARDE L'IMAGE, PUIS JE RÉPONDS AUX QUESTIONS.

J'ajoute un billet de 10 euros.

J'ajoute 10 pièces de 1 euro. J'ajoute donc plus d'argent que toi.

① QU'EN PENSES-TU ?

_____

_____

② COMBIEN DE CUBES ALEX A-T-IL ?

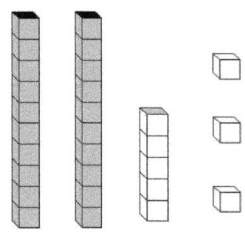 

③ JE CALCULE.

10 + 10 = ...   20 + 10 = ...   30 + 10 = ...

40 + 10 = ...   50 + 10 = ...   60 + 10 = ...

④ JE CALCULE.

14 + 10 = ...   25 + 10 = ...   37 + 10 = ...

43 + 10 = ...   7 + 10 = ...   39 + 10 = ...

⑤ JE CALCULE.

13 + 20 = ...   19 + 20 = ...   20 + 18 = ...

20 + 7 = ...   4 + 20 = ...   24 + 20 = ...

17 + 20 = ...   23 + 20 = ...   25 + 20 = ...

⑥ JE CALCULE.

24 + 10 = ...   15 + 30 = ...   42 + 20 = ...

33 + 10 = ...   20 + 12 = ...   30 + 27 = ...

10 + 54 = ...   40 15 = ...   18 + 30 = ...

⑦ JE CALCULE.

13 + 20 = ...   19 + 20 = ...   20 + 18 = ...

20 + 7 = ...   4 + 20 = ...   24 + 20 = ...

17 + 20 = ...   23 + 20 = ...   25 + 20 = ...

⑧ JE CALCULE.

40 − 10 = ...   20 − 10 = ...   50 − 10 = ...

30 − 10 = ...   60 − 10 = ...   70 − 10 = ...

9 JE CALCULE.

37 − 10 = ...   34 − 10 = ...   38 − 10 = ...

16 − 10 = ...   31 − 20 = ...   37 − 20 = ...

39 − 20 = ...   27 − 20 = ...   36 − 10 = ...

35 − 20 = ...   32 − 30 = ...   34 − 30 = ...

33 − 10 = ...   30 − 20 = ...   30 − 26 = ...

AJOUTER ET SOUSTRAIRE DES DIZAINES (2)

① J'OBSERVE L'IMAGE. QU'EN PENSES-TU ?

Dans 23, on voit 2 dizaines et 3 unités.

Alors on peut ajouter 20 puis ajouter 3.

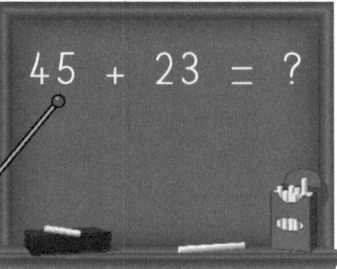

② JE CALCULE.

25 + 2 = ...   32 + 4 = ...   36 + 3 = ...

13 + 1 = ...   11 + 5 = ...   65 + 2 = ...

③ JE CALCULE.

14 + 13 = ...   25 + 14 = ...   32 + 16 = ...

32 + 11 = ...   13 + 13 = ...   33 + 14 = ...

④ JE CALCULE.

11 + 26 = ...   14 + 24 = ...   25 + 11 = ...

22 + 21 = ...   5 + 25 = ...   6 + 23 = ...

16 + 21 = ...   28 + 21 = ...   21 + 4 = ...

⑤ JE CALCULE.

24 − 13 = ...   33 − 11 = ...   34 − 22 = ...

35 − 14 = ...   27 − 12 = ...   37 − 26 = ...

L'ADDITION ET LA SOUSTRACTION (2)

① JE RÉVISE L'UTILISATION DES DOUBLES.

23 + 3 + 2 = ...   35 + 5 − 2 = ...   31 + 1 + 2 = ...   24 + 4 + 2 = ...

16 + 6 − 2 = ...   19 + 9 − 2 = ...   27 + 7 + 2 = ...   19 + 9 + 2 = ...

28 + 8 − 2 = ...   24 + 4 − 2 = ...   22 + 2 + 2 = ...   15 + 6 + 2 = ...

② J'AJOUTE 2 AU DOUBLE DU PETIT NOMBRE.

- Diana a **6 écouteurs**.

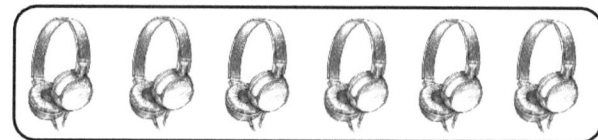

- Samantha a **8 écouteurs**, c'est-à-dire : 6 + 2

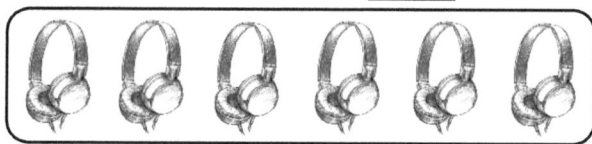 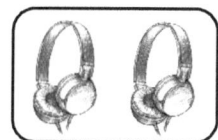

- Elles ont ensemble 6 + 8
  ou 6 + 6 + 2
  ou 12 + 2 = 14 écouteurs

③ JE RETRANCHE 2 DU DOUBLE DU GRAND NOMBRE.

- Laura a **10 tapis de bain**.

- André a **8 tapis de bain**, c'est-à-dire : 10 − 2

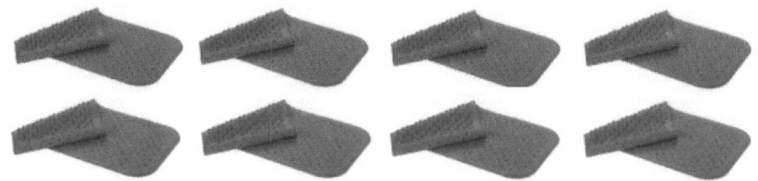

- Ils ont ensemble 10 + 8
  ou 10 + 10 – 2
  ou 8 + 8 + 2 = 18 tapis de bain

④ JE CALCULE LES ADDITIONS ET LES SOUSTRACTIONS.

- 5 + 7 = ...
- 6 + 8 = ...
- 7 + 9 = ...
- 9 + 2 = ...
- 6 + 7 = ...

- 12 – 5 = ...
- 14 – 6 = ...
- 16 – 7 = ...
- 11 – 9 = ...
- 13 – 7 = ...

⑤ JE RÉSOUS LES PROBLÈMES SUIVANTS.

(A). **6 fleurs** dans un vase et **13** dans un autre, cela fait ... fleurs.

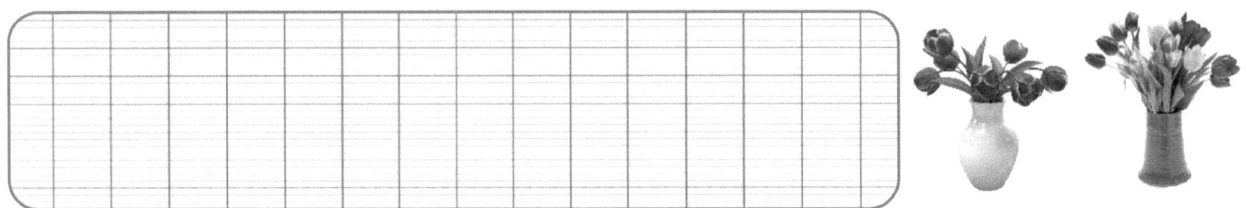

(B). Dans un car il y a **16 voyageurs**. **9 voyageurs** montent. Il y a ... voyageurs dans le car.

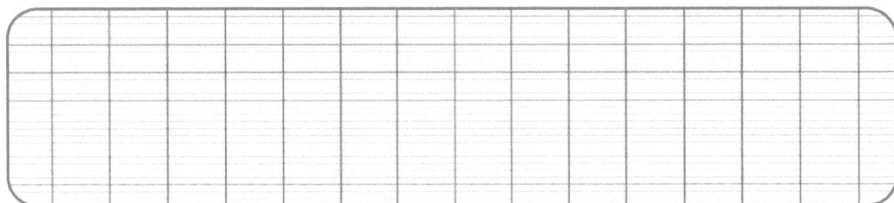

(C). Dans un tiroir il y a **17 paires de chaussettes**. Sarah prend **9 paires de chaussettes**. Il y a maintenant dans le tiroir ... paires de chaussettes.

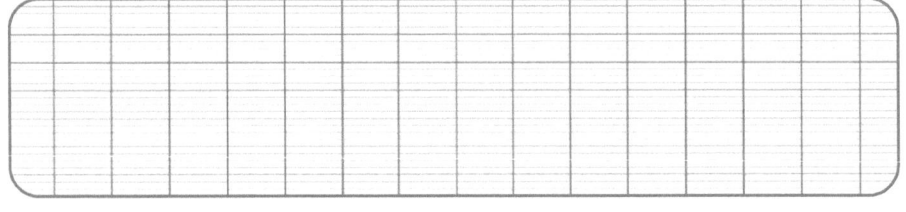

(D). Diana a **15 euros**. Elle dépense **9 euros**. Elle a encore ... euros.

(E). J'ai **12 euros**. Je dépense **5 euros**. J'ai encore ... euros.

(F). Muriel a mangé **8 nems au porc**. Karine en a mangé **3**. Elles ont mangé ensemble ... nems au porc.

⑥ JE CALCULE.

```
    2 3          2 4          2 1          1 9          1 8
+     5      +     6      +     7      +     5      +     8
= . .        = . .        = . .        = . .        = . .


    2 9          2 4          2 3          2 2          2 5
-     7      -     5      -     6      -     7      -     5
= . .        = . .        = . .        = . .        =   .


    2 6          2 1              5          2 4              3
+     3      +     5      +   1 5      +     2      +   2 5
= . .        = . .        = . .        = . .        = . .


    2 9          2 1          2 7          2 6          2 8
-     5      -     3      -     5      -     4      -     5
= . .        = . .        = . .        = . .        =   .
```

59

⑦ JE RÉSOUS CES ENIGMES.

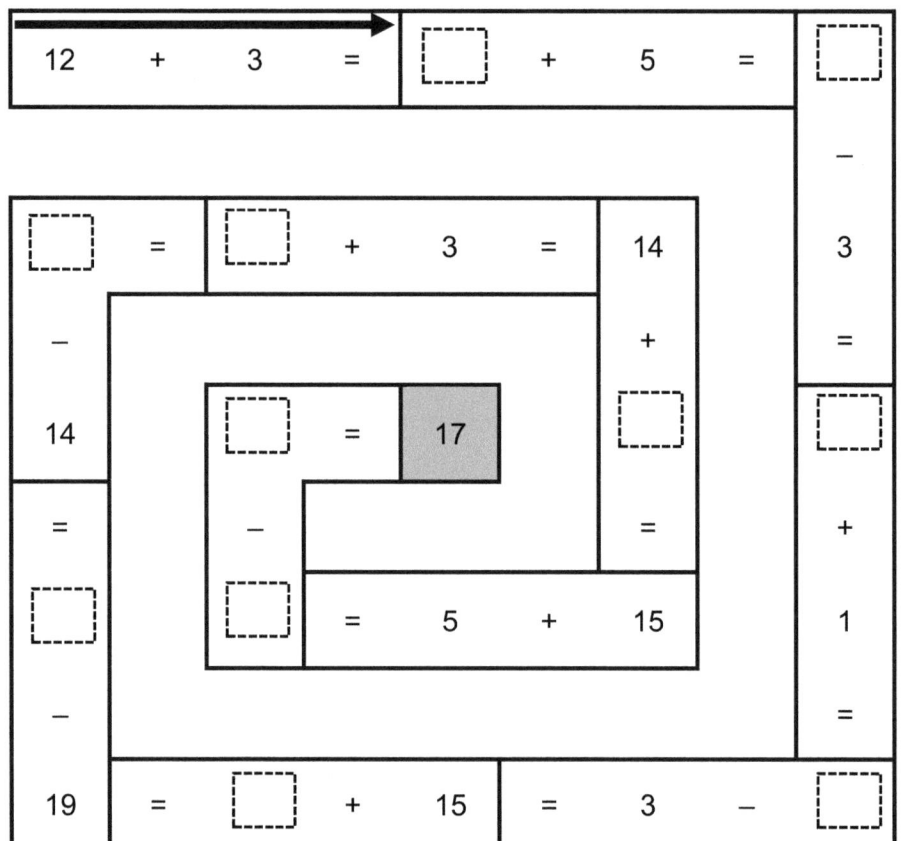

LES NOMBRES DE 0 À 40

① JE REPLACE LES NOMBRES DANS LE BON ORDRE.

| 31 | 36 | 33 | 39 | 38 | 34 | 30 | 40 | 35 | 37 | 32 |

| ... | ... | ... | ... | ... | ... | ... | ... | ... | ... | ... |

② JE RELIE.

28 •   • trente-sept   34 •   • vingt-six

39 •   • quarante   29 •   • trente et un

37 •   • trente-neuf   31 •   • trente

16 •   • trente-six   33 •   • trente-trois

36 •   • vingt-huit   30 •   • trente-quatre

40 •   • seize   26 •   • vingt-neuf

③ JE COMPLÈTE SUIVANT L'EXEMPLE.

34	3 d 4 u	10 + 10 + 10 + 4	30 + 4
38	....	....	....
36	....	....	....
37	....	....	....
39	....	....	....
35	....	....	....

④ JE COLORIE L'ÉTIQUETTE QUI CORRESPOND AU NOMBRE DEMANDÉ.

trente-six	39	36	63	96
trente-sept	37	17	47	27
trente-cinq	15	35	25	33
trente-trois	33	303	3 003	3 013
trente-quatre	304	3 004	34	340
trente et un	310	301	3 100	31

⑤ JE COMPLÈTE LA SUITE NUMÉRIQUE DE 1 À 40.

1	2	3	...	...	...	...	...	...	**10**
...	12	...	...	...	...	...	18	...	**20**
...	...	23	...	...	26	...	...	...	**30**
31	32	...	34	...	...	...	38	...	**40**

⑥ COMBIEN Y A-T-IL DE CUBES ?

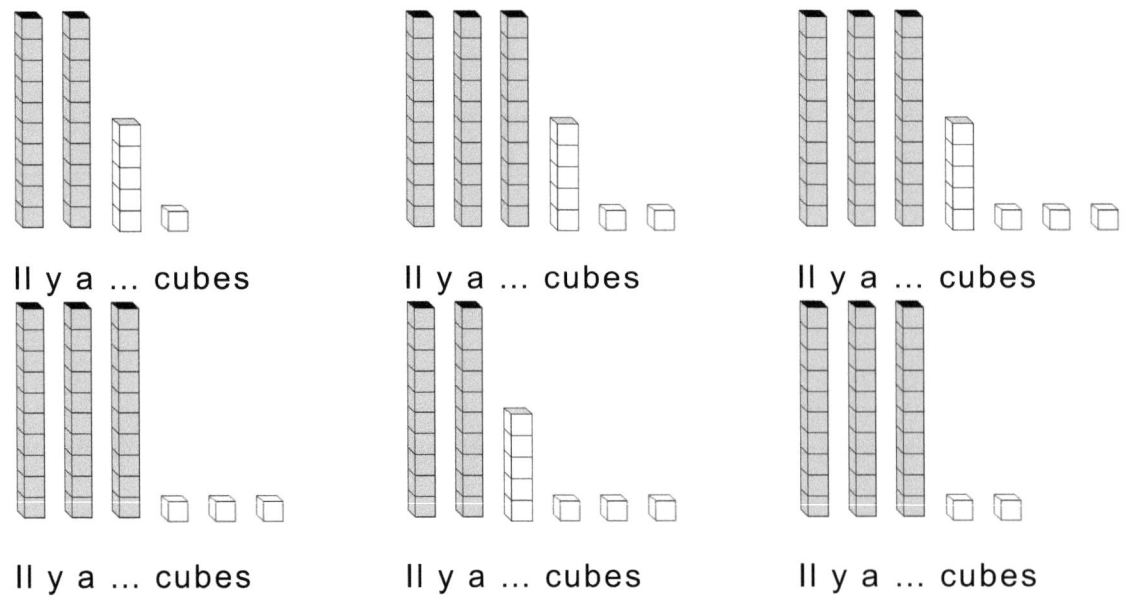

Il y a ... cubes   Il y a ... cubes   Il y a ... cubes

Il y a ... cubes   Il y a ... cubes   Il y a ... cubes

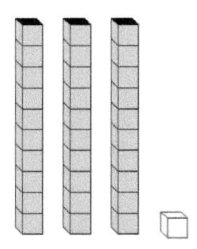
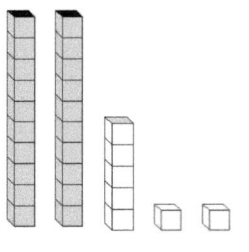
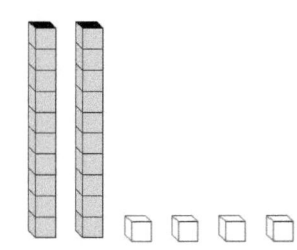

Il y a ... cubes   Il y a ... cubes   Il y a ... cubes

⑦ JE COMPLÈTE :

| 10 | 12 | 14 | ... | ... | 20 | ... | ... | ... | ... | 30 | ... | ... | ... | ... | 40 |

⑧ COMBIEN Y A-T-IL DE CASES ? ÉCRIS LA BONNE RÉPONSE.

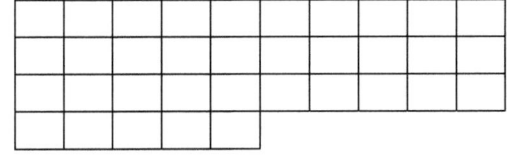
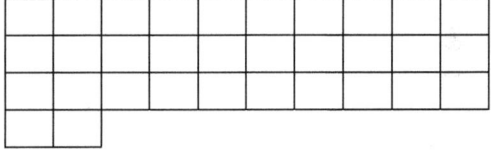

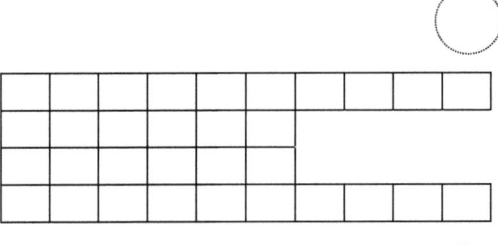
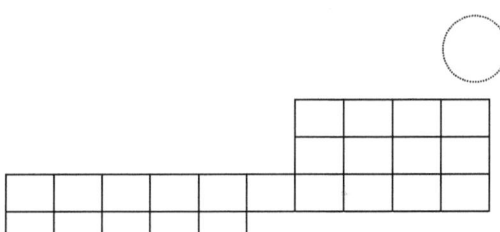

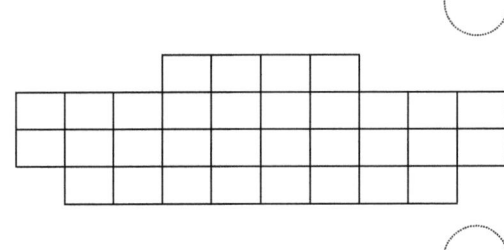
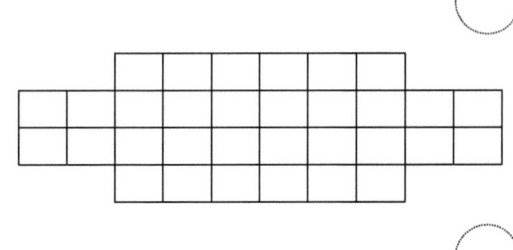

⑨ JE COMPLÈTE.

▶ | 22 | 23 | ... | ... | 26 | ▶ | ... | ... | 31 | 32 | ... |

▶ | 31 | 32 | 33 | ... | ... | ▶ | ... | 27 | ... | ... | 30 |

▶ | 29 | 30 | ... | ... | ... | ▶ | 21 | ... | ... | 24 | ... |

▶ | ... | 35 | 36 | ... | ... | ▶ | 11 | ... | 13 | ... | 15 |

▶ | 17 | ... | 19 | ... | 21 | ▶ | ... | ... | 8 | ... | 10 |

63

⑩ JE RANGE DU PLUS PETIT AU PLUS GRAND.

32	38	25	17	33	31	40	21	29	35

...	...	...	...	...	...	...	...	...	...

⑪ JE RANGE DU PLUS GRAND AU PLUS PETIT.

23	8	30	20	35	16	25	39	11	27

...	...	...	...	...	...	...	...	...	...

⑫ J'OBSERVE, PUIS JE COMPLÈTE.

25	26	27	...	...	30	...	...	...	34

21	23	25	...	...	...	33	...	...	39

10	12	...	...	18	...	...	24	...	28

40	39	38	...	...	...	...	33	...	...

30	29	...	27	...	...	24	...	...	...

⑬ JE COMPLÈTE EN LETTRES OU EN CHIFFRES.

39	....	38	....
......	quarante	......	treize
31	....	17	....
35	....	29	....
......	vingt-six	......	trente-trois
......	trente-sept	22	....
21	....	36	....
......	vingt-cinq	......	sept

⑭ J'ÉCRIS LES NOMBRES QUI VIENNNENT JUSTE AVANT ET JUSTE APRÈS.

| ... | 39 | ... |

| ... | 24 | ... |

| ... | 20 | ... |

| ... | 27 | ... |

| ... | 17 | ... |

| ... | 34 | ... |

⑮ JE COMPLÈTE SELON L'EXEMPLE.

35 10 + 10 + 10 + 5 30 + 5 *trente-cinq*	39 ... + ... + ... + ... + ...
33 ... + ... + ... + ... + ...	32 ... + ... + ... + ... + ...
36 ... + ... + ... + ... + ...	34 ... + ... + ... + ... + ...
37 ... + ... + ... + ... + ...	31 ... + ... + ... + ... + ...

⑯ JE COMPLÈTE AVEC LES SYMBOLES < OU >.

| 32 | ... | 18 |

| 32 | ... | 38 |

| 25 | ... | 26 |

| 27 | ... | 28 |

| 36 | ... | 37 |

| 37 | ... | 35 |

| 39 | ... | 35 |

| 30 | ... | 28 |

| 12 | ... | 32 |

| 27 | ... | 37 |

| 33 | ... | 30 |

| 17 | ... | 27 |

AJOUTER 3

① J'AJOUTE 1, PUIS J'AJOUTE ENCORE 2 AUX 10 PREMIERS NOMBRES.

0 + 1 + 2 = …   4 + 1 + 2 = …   8 + 1 + 2 = …

1 + 1 + 2 = …   5 + 1 + 2 = …   9 + 1 + 2 = …

2 + 1 + 2 = …   6 + 1 + 2 = …   10 + 1 + 2 = …

3 + 1 + 2 = …   7 + 1 + 2 = …   11 + 1 + 2 = …

② JE RAJOUTE 3.

 + 3 = …    + 3 = …

 + 3 = …    + 3 = …

 + 3 = …   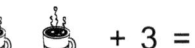 + 3 = …

 + 3 = …    + 3 = …

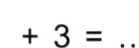 + 3 = …   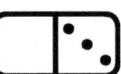 + 3 = …

③ JE RÉSOUS LES PROBLÈMES SUIVANTS.

(A). Noah a obtenu **8 points** en calcul mental et **3 points** en lecture. Au total, il a ... points.

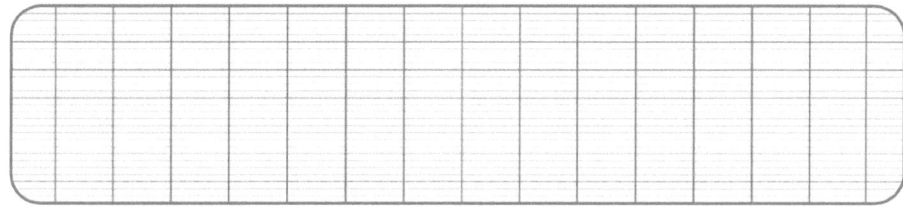

(B). Ma mère a préparé **9 millefeuilles** et **3 éclairs au chocolat**. En tout, elle a préparé ... pâtisseries.

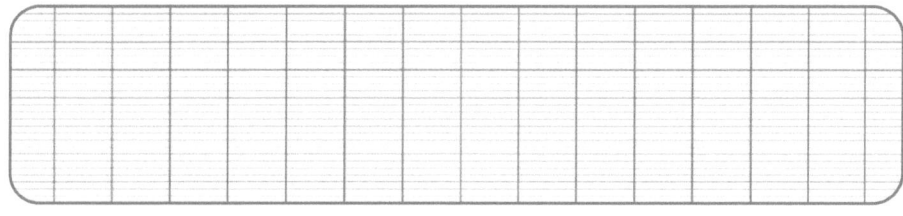

(C). La largeur d'une planche en bois mesure **17 cm**. La longueur a **3 cm** de plus. La longueur mesure ... cm.

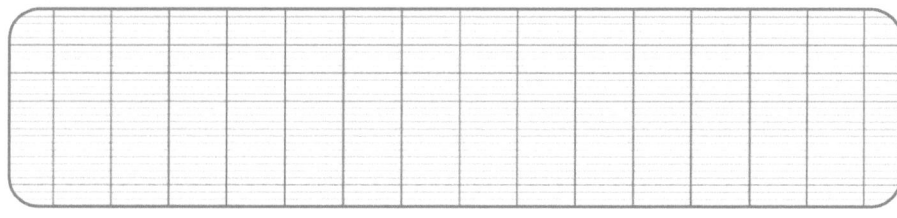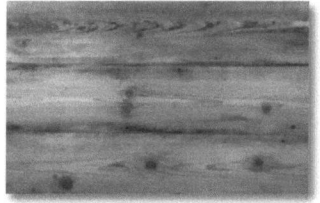

(D). Ce matin, mon père a pêché **3 dorades** et **5 merlus**. L'après-midi, il a pêché **5 rascasses** et **3 rougets**. Il a pêché ... poissons, en tout.

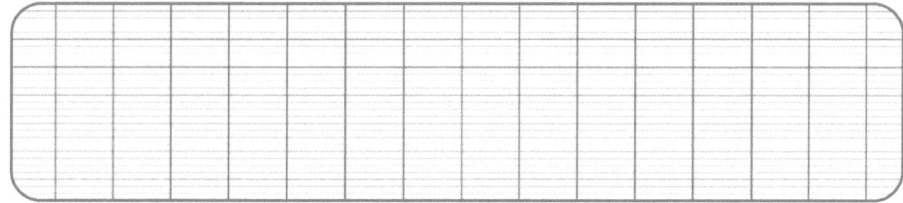

④ J'AJOUTE 3.

a) 1 euro + 3 euros = ... euros
b) 4 stylos + 3 stylos = ... stylos
c) 5 oranges + 3 oranges = ... oranges
d) 8 ballons + 3 ballons = ... ballons
e) 7 gommes + 3 gommes = ... gommes
f) 6 cm + 3 cm = ... cm
g) 3 gommes + 3 gommes = ... gommes

⑤ JE POSE CES OPÉRATIONS EN COLONNE, ENSUITE JE LES CALCULE.

a) 6 € + 3 € = /... €\   d) 14 € + 3 € = /... €\   g) 11 € + 3 € = /... €\

b) 7 € + 3 € = /... €\   e) 17 € + 3 € = /... €\   h) 10 € + 3 € = /... €\

c) 12 € + 3 € = /... €\   f) 15 € + 3 € = /... €\   i) 13 € + 3 € = /... €\

```
      6 €              7 €              1 2 €
  +   3 €          +   3 €          +     3 €
  ─────────        ─────────        ─────────
  =   . €          = . . €          = . . €


      . . €            . . €            . . €
  +   . €          +   . €          +   . €
  ─────────        ─────────        ─────────
  = . . €          = . . €          = . . €


      . . €            . . €            . . €
  +   . €          +   . €          +   . €
  ─────────        ─────────        ─────────
  = . . €          = . . €          = . . €
```

⑥ J'AJOUTE CHAQUE FOIS 3 CENTIMES.

```
    1 6 c
  +   3 c
  ─────────
  = . . c
```

```
    1 2 c
  +   3 c
  ─────────
  = . . c
```

LES DOUBLES ET LES MOITIÉS

① JE REGARDE CHAQUE QUANTITÉ DE ROSES. JE RÉPONDS.

J'ai **4 roses**. Muriel en a **la moitié**. Laure en a **le double**.

- Que veut dire « moitié » ?
_____

- Que veut dire « double » ?
_____

② ALEXANDRE A-T-IL RAISON ? QU'EN PENSES-TU ?

Amélie, ton tas de cubes fait la moitié de 14.

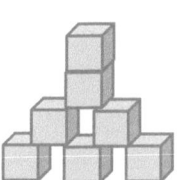 

③ JE CALCULE CES DOUBLES.

2 + 2 = ...   3 + 3 = ...   4 + 4 = ...   6 + 6 = ...

7 + 7 = ...   8 + 8 = ...   9 + 9 = ...   10 + 10 = ...

④ J'ÉCRIS LE DOUBLE DE CES NOMBRES.

5 ➔ ...   3 ➔ ...   9 ➔ ...   1 ➔ ...

10 ➔ ...   4 ➔ ...   7 ➔ ...   6 ➔ ...

⑤ J'ÉCRIS LA MOITIÉ DE CES NOMBRES.

14 ➔ ...   8 ➔ ...   18 ➔ ...   16 ➔ ...

4 ➔ ...   2 ➔ ...   20 ➔ ...   10 ➔ ...

LES NOMBRES DE 0 À 50

① JE REPLACE LES NOMBRES DANS LE BON ORDRE.

| 47 | 43 | 40 | 45 | 49 | 41 | 46 | 42 | 50 | 44 | 48 |

| ... | ... | ... | ... | ... | ... | ... | ... | ... | ... | ... |

② JE RELIE.

48 •   • quarante-sept   44 •   • quarante-deux
49 •   • cinquante   39 •   • quarante
47 •   • quarante-neuf   41 •   • quarante-trois
46 •   • quarante-six   43 •   • quarante et un
36 •   • quarante-huit   40 •   • trente-neuf
50 •   • trente-six   42 •   • quarante-quatre

③ JE COMPLÈTE SUIVANT L'EXEMPLE.

47	4 d 7 u	10 + 10 + 10 + 10 + 7	40 + 7
48			
46			
35			
49			
45			

④ JE COLORIE L'ÉTIQUETTE QUI CORRESPOND AU NOMBRE DEMANDÉ.

quarante-six =	406	46	36	460
quarante-sept =	37	407	47	40 7
quarante-cinq =	450	35	405	45
quarante-trois =	403	43	33	430
quarante-quatre =	54	34	44	404
quarante et un =	41	401	410	31

⑤ JE REMPLIS LES CASES GRISES AVEC LES NOMBRES MANQUANTS.

11	12	13	14	15	16	...	18	19	...
21	...	...	...	25	...	27	...	29	30
31	32	...	34	35	36	37	38	...	40
...	42	...	44	...	46	47	48	49	...

⑥ COMBIEN Y A-T-IL DE CUBES ?

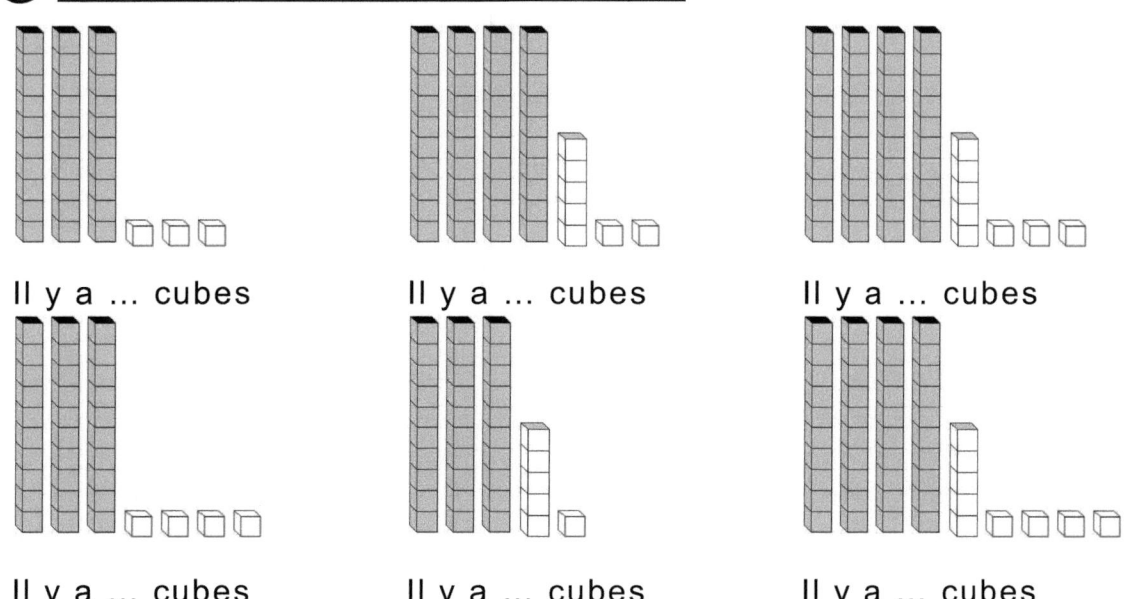

Il y a ... cubes   Il y a ... cubes   Il y a ... cubes

Il y a ... cubes   Il y a ... cubes   Il y a ... cubes

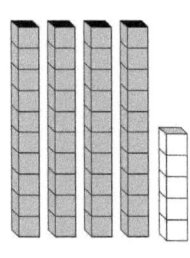   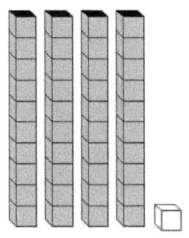   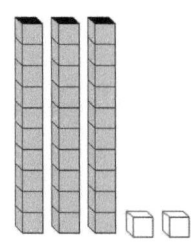

Il y a ... cubes   Il y a ... cubes   Il y a ... cubes

⑦ JE COMPLÈTE :

| 20 | 22 | ... | ... | ... | 30 | ... | ... | ... | ... | 40 | ... | ... | ... | ... | 50 |

⑧ JE COMPTE, PUIS J'ÉCRIS LA BONNE RÉPONSE.

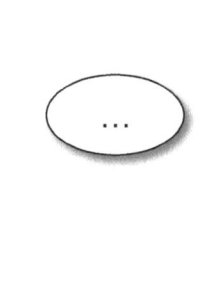

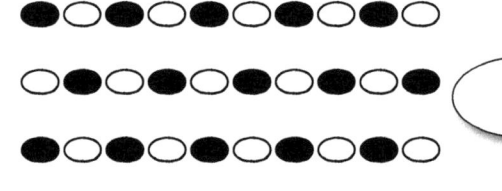

⑨ JE COMPLÈTE.

▶ | 23 | 24 | 25 | ... | ... | ▶ | 37 | 38 | ... | ... | 41 |

▶ | 29 | 30 | ... | ... | 33 | ▶ | 33 | 35 | 37 | ... | ... |

▶ | 10 | 11 | ... | ... | 14 | ▶ | 6 | 8 | 10 | ... | ... |

▶ | 50 | 49 | ... | ... | 46 | ▶ | 30 | 29 | ... | 27 | ... |

▶ | 42 | 44 | ... | 48 | ... | ▶ | 40 | 38 | 36 | ... | 32 |

⑩ JE RANGE DU PLUS PETIT AU PLUS GRAND.

26	47	34	29	48	13	50	31	41	8
...	...	...	...	...	...	...	...	...	...

⑪ JE RANGE DU PLUS GRAND AU PLUS PETIT.

41	34	43	29	38	45	36	33	31	40
...	...	...	...	...	...	...	...	...	...

⑫ J'OBSERVE, PUIS JE COMPLÈTE.

22	23	24	...	...	...	28	...	30	...
34	...	...	...	...	39	40	...	...	...
...	41	...	43	...	45	46	47	...	...
50	49	48	47	...	...	...	...	...	...
42	...	40	...	38	37	...	...	34	...

⑬ J'ÉCRIS EN LETTRES OU EN CHIFFRES.

49	....	48	....
......	cinquante	......	trente-trois
41	....	37	....
45	....	39	....
......	quarante-six	......	trente-deux
......	quarante-sept	42	....
31	....	26	....
......	quarante-cinq	......	cinq

⑭ J'ÉCRIS LES NOMBRES QUI VIENNNENT JUSTE AVANT ET JUSTE APRÈS.

| ... | 49 | ... | | ... | 44 | ... | | ... | 40 | ... |

| ... | 37 | ... | | ... | 47 | ... | | ... | 45 | ... |

⑮ JE COMPLÈTE SELON L'EXEMPLE.

45	49
10 + 10 + 10 + 10 + 5	... + ... + ... + ... + ...
40 + 5	... + ...
quarante-cinq	....

43	42
... + ... + ... + ... + ...	... + ... + ... + ... + ...
... + ...	... + ...
....	....

46	44
... + ... + ... + ... + ...	... + ... + ... + ... + ...
... + ...	... + ...
....	....

47	41
... + ... + ... + ... + ...	... + ... + ... + ... + ...
... + ...	... + ...
....	....

⑯ JE COMPLÈTE AVEC LES SYMBOLES < OU >.

| 42 | < | 48 | | 42 | ... | 28 | | 45 | ... | 46 |

| 47 | ... | 38 | | 46 | ... | 47 | | 47 | ... | 45 |

| 49 | ... | 45 | | 50 | ... | 48 | | 42 | ... | 32 |

| 47 | ... | 27 | | 43 | ... | 50 | | 47 | ... | 37 |

RETRANCHER 3

① J'ENLÈVE 1, PUIS J'ENLÈVE ENCORE 2 AUX NOMBRES.

30 – 1 – 2 = …   28 – 1 – 2 = …   18 – 1 – 2 = …

26 – 1 – 2 = …   37 – 1 – 2 = …   13 – 1 – 2 = …

40 – 1 – 2 = …   11 – 1 – 2 = …   19 – 1 – 2 = …

34 – 1 – 2 = …   39 – 1 – 2 = …   36 – 1 – 2 = …

17 – 1 – 2 = …   25 – 1 – 2 = …   12 – 1 – 2 = …

② J'ENLÈVE 3.

③ JE RÉSOUS LES PROBLÈMES SUIVANTS.

(A). J'ai acheté un livre au prix de **3 €**. J'ai donné un billet de **10 €** à la caissière. Combien m'a-t-elle rendu ?

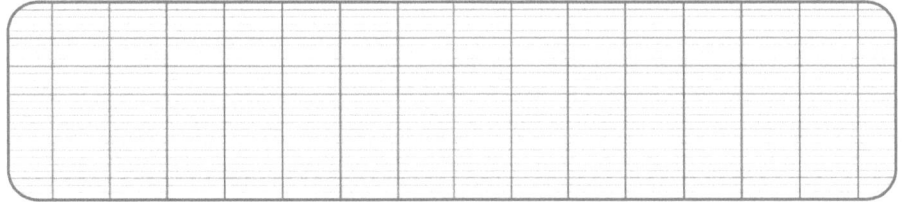 

(B). Une bande de papier mesure **13 cm**. J'en coupe des bouts de **3 cm**. La première fois, il reste ... cm ; la deuxième fois, il reste ... cm ; la troisième fois, il reste ... cm.

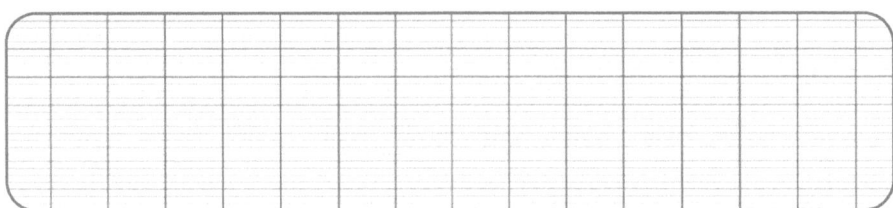 

(C). Dans une caisse, j'ai mis **24 bouteilles de Coca**. J'en ai vendu **3 bouteilles**. Combien reste-t-il de bouteilles dans la caisse ? Il reste ... bouteilles de Coca dans la caisse.

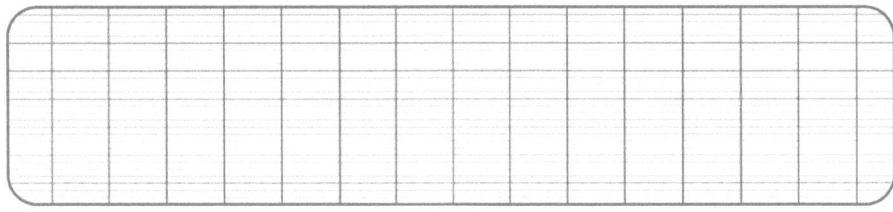 

(D). Mon frère avait **25 €** en partant. Sur le chemin, il a perdu une pièce de **1 €** et une pièce de **2 €**. Combien lui reste-t-il ? Il lui reste ... €.

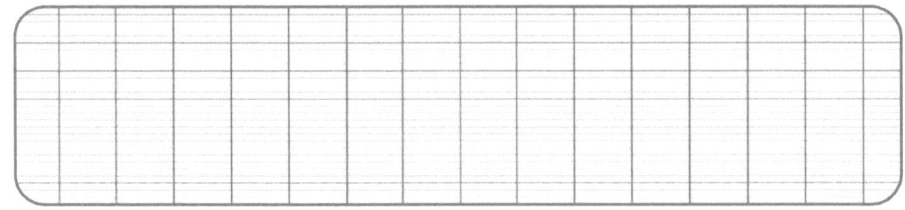 

(E). Marc avait **7 paires de ciseaux**. Il en a donné **3** à Suzanne. Combien en a-t-il gardé pour lui ?

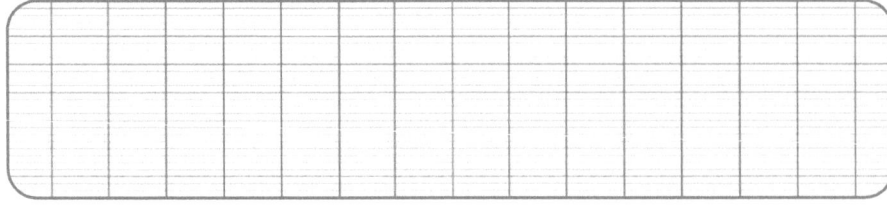 

④ J'EFFECTUE LES OPÉRATIONS SUIVANTES.

```
    1  0   fers à repasser              3  5   paniers
 -     3   fers à repasser           -     3   paniers
 = ... ... fers à repasser           = ... ... paniers


    2  8   linges sales                 1  2   aspirateurs
 -     3   linges sales              -     3   aspirateurs
 = ... ... linges sales              = ... ... aspirateurs


    3  7   beaux tricots                3  0   chemises
 -     3   beaux tricots             -     3   chemises
 = ... ... beaux tricots             = ... ... chemises
```

12 shorts − 3 shorts = ... shorts

17 pinces à linge − 3 pinces à linge = ... pinces à linge

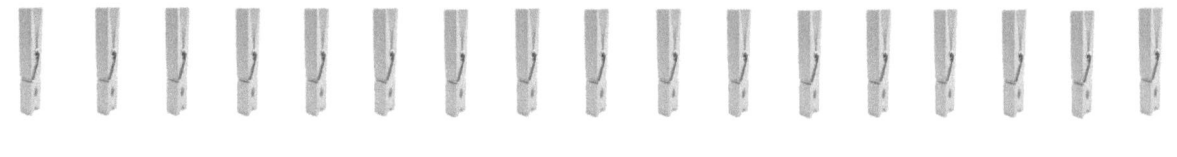

15 balais − 3 balais = ... balais

20 seaux d'eau − 3 seaux d'eau = ... seaux d'eau

14 balayettes − 3 balayettes = ... balayettes

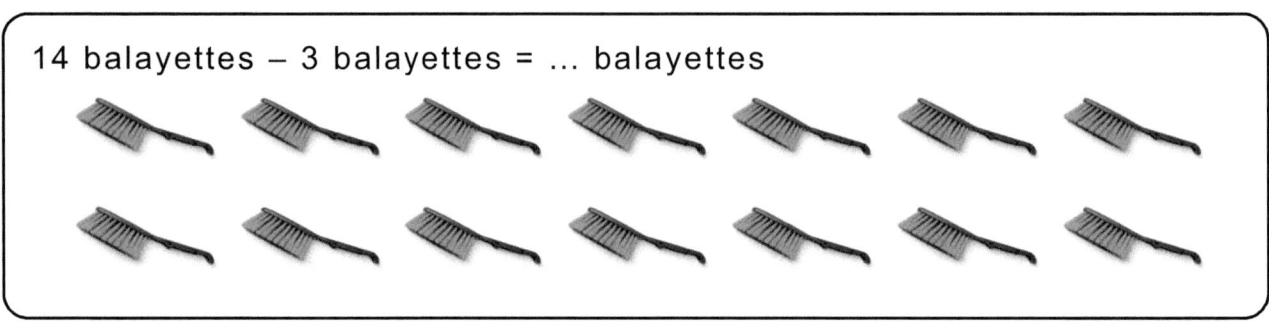

⑤ J'ENLÈVE CHAQUE FOIS 3 CENTIMES.

```
  1 5 c
−   3 c
= . . c
```

```
  3 2 c
−   3 c
= . . c
```

```
  3 8 c
−   3 c
= . . c
```

```
  2 7 c
−   3 c
= . . c
```

```
  1 9 c
−   3 c
= . . c
```

UTILISER LES EUROS

① JE REGARDE LE DESSIN, PUIS JE RÉPONDS.

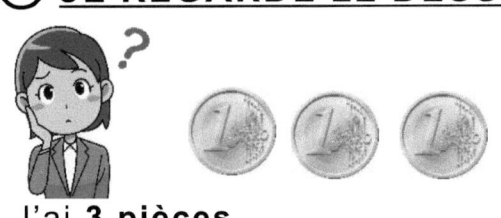   

J'ai **3 pièces**.
Ça fait **3 euros** !

J'ai **3 pièces**.
Donc, j'ai aussi **3 euros**.

• Es-tu d'accord avec Samantha et Éric ?

_____
_____

② COMBIEN DE PIECES Y A-T-IL ?

• Combien de pièces de **1 €** ?   • Combien de pièces de **2 €** ?

• Combien de pièces de **5 €** ?   • Combien de pièces de **10 €** ?

③ JE COLORIE LES PIÈCES OU LES BILLETS POUR OBTENIR LA SOMME AFFICHÉE.

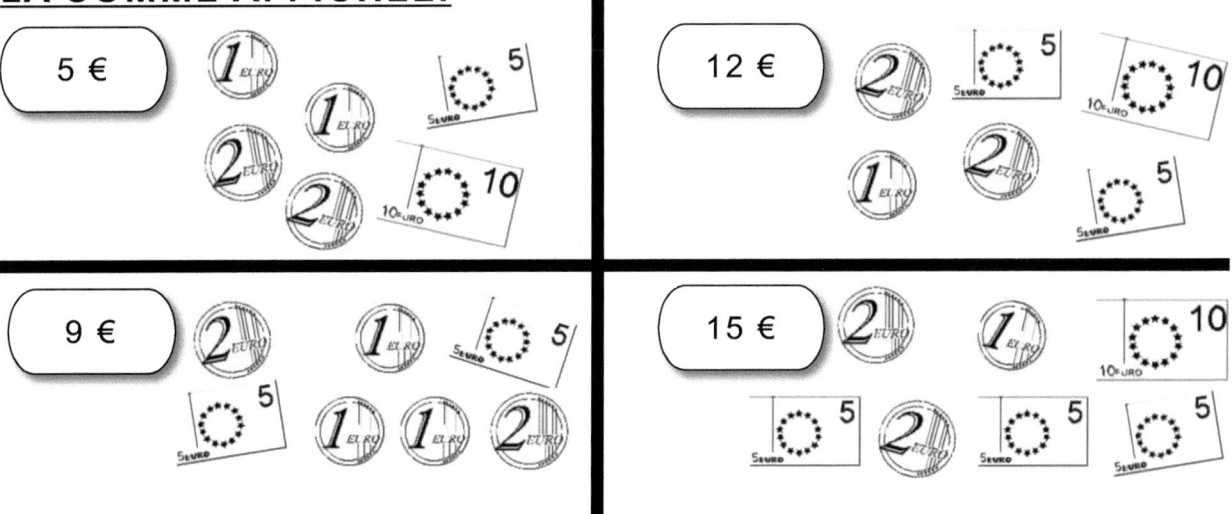

④ **JE DESSINE LES PIÈCES OU LES BILLETS NÉCESSAIRES POUR ACHETER CHAQUE ARTICLE**

9 €	31 €	35 €	3 €

⑤ **J'ÉCRIS COMBIEN IL Y EN A.**

...

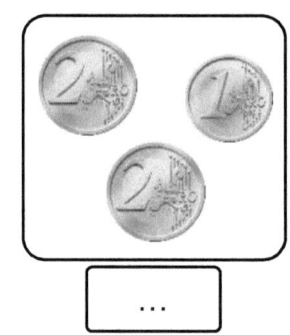

...

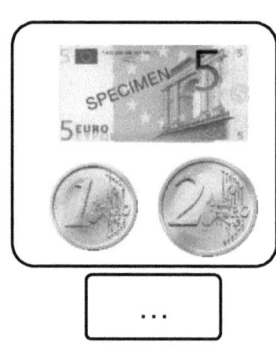

...

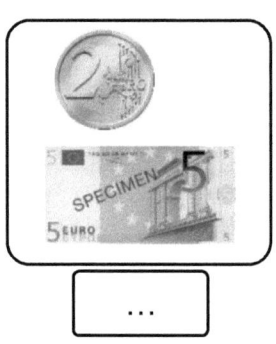

...

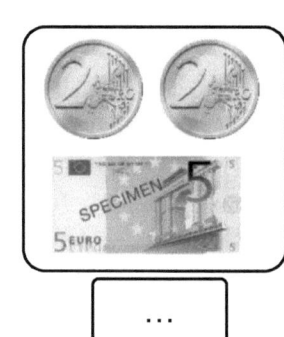

...

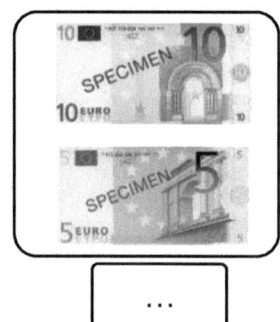

...

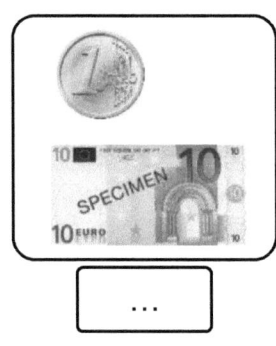

...

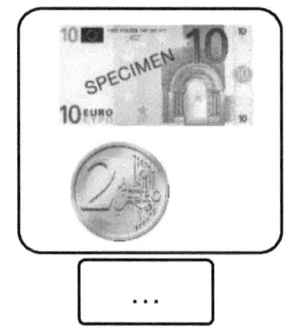

...

...

LES NOMBRES DE 0 À 60

① JE REPLACE LES NOMBRES DANS LE BON ORDRE.

| 54 | 57 | 52 | 56 | 59 | 50 | 53 | 60 | 51 | 55 | 58 |

| ... | ... | ... | ... | ... | ... | ... | ... | ... | ... | ... |

② JE RELIE.

58 •   • quarante-neuf
59 •   • cinquante-sept
57 •   • soixante
49 •   • cinquante-neuf
46 •   • quarante-six
60 •   • cinquante-huit

54 •   • cinquante-deux
51 •   • cinquante-six
52 •   • cinquante-trois
55 •   • cinquante-quatre
56 •   • cinquante et un
53 •   • cinquante-cinq

③ JE COMPLÈTE SUIVANT L'EXEMPLE.

53	5 d 3 u	10 + 10 + 10 + 10 + 10 + 3	50 + 3
58	....	....	....
56	....	....	....
55	....	....	....
59	....	....	....
60	....	....	....

④ JE COLORIE L'ÉTIQUETTE QUI CORRESPOND AU NOMBRE DEMANDÉ.

cinquante-six	50	506	56	560
cinquante-sept	37	47	57	507
cinquante-cinq	550	505	50	55
cinquante-trois	35	53	503	530
quarante-neuf	49	29	59	39
cinquante et un	51	501	5 010	5 001

⑤ JE COMPLÈTE LES CASES GRISES AVEC LES NOMBRES MANQUANTS.

...	22	23	24	...	26	...	28	...	30
31	...	33	...	35	36	...	...	39	...
41	...	...	44	...	...	47	...	49	50
...	52	...	54	...	56	...	58	59	...

⑥ COMBIEN Y A-T-IL DE CUBES ?

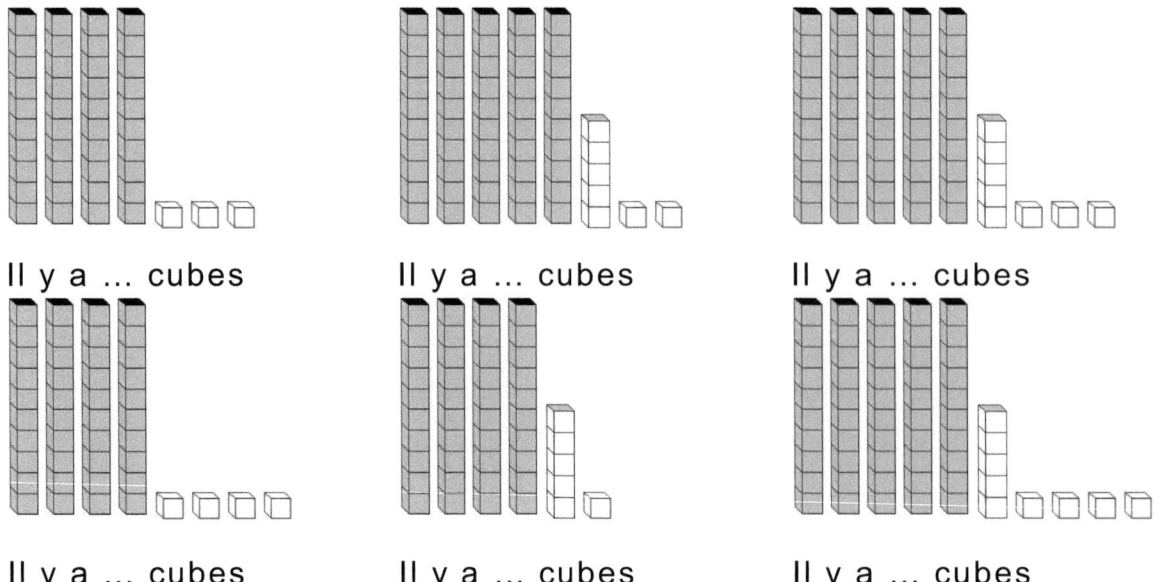

Il y a ... cubes   Il y a ... cubes   Il y a ... cubes

Il y a ... cubes   Il y a ... cubes   Il y a ... cubes

Il y a ... cubes   Il y a ... cubes   Il y a ... cubes

7) JE COMPLÈTE :

| 45 | ... | 47 | 48 | ... | ... | ... | 52 | ... | ... | 55 | ... | ... | 58 | ... | ... |

8) JE COMPTE, PUIS J'ÉCRIS LA BONNE RÉPONSE.

9) JE FAIS UNE CROIX (x) SUR LES ERREURS.

| 44 | 45 | 46 | 47 | 48 | 50 | 49 | 51 | 52 | 53 | 55 | 56 | 57 | 58 | 59 | 61 |

| 21 | 22 | 23 | 24 | 25 | 62 | 27 | 28 | 29 | 30 | 32 | 33 | 34 | 35 | 36 | 40 |

10) JE COMPLÈTE.

▶ | 34 | 35 | ... | 37 | ... | ▶ | 32 | 34 | 36 | ... | ... |

▶ | 14 | 15 | ... | ... | ... | ▶ | 56 | 57 | ... | ... | ... |

▶ | 42 | 43 | ... | ... | 46 | ▶ | 21 | 20 | ... | ... | 17 |

▶ | ... | 58 | ... | ... | 61 | ▶ | 38 | 37 | 36 | ... | ... |

▶ | 46 | ... | ... | 49 | 50 | ▶ | ... | ... | ... | 46 | 47 |

⑪ JE RANGE DU PLUS PETIT AU PLUS GRAND.

23	7	48	19	3	31	55	15	60	57

...	...	...	...	...	...	...	...	...	...

⑫ JE RANGE DU PLUS GRAND AU PLUS PETIT.

42	55	27	44	9	53	11	50	38	59

...	...	...	...	...	...	...	...	...	...

⑬ J'OBSERVE, PUIS JE COMPLÈTE.

29	30	31	32	...	...	35	36	37	38

40	39	38	...	36	35	...	34	33	32

49	...	...	...	53	54	55	56	...	58

47	46	45	...	...	42	41	40	...	38

57	56	55	54	...	...	51	...	...	48

⑭ JE COMPLÈTE EN LETTRES OU EN CHIFFRES.

59	....	58	....
......	soixante	......	trente-trois
51	....	53	....
55	....	50	....
......	cinquante-six	......	trente-cinq
......	cinquante-sept	39	....
42	....	22	....
......	cinquante-cinq	......	six

⑮ J'ÉCRIS LES NOMBRES QUI VIENNNENT JUSTE AVANT ET JUSTE APRÈS.

| ... | 59 | ... | | ... | 55 | ... | | ... | 42 | ... |

| ... | 51 | ... | | ... | 49 | ... | | ... | 47 | ... |

⑯ JE COMPLÈTE SELON L'EXEMPLE.

55	59
10 + 10 + 10 + 10 + 10 + 5 50 + 5 *cinquante-cinq*	... + ... + ... + ... + ... + ... + ...
53 ... + ... + ... + ... + ... + ... + ...	**52** ... + ... + ... + ... + ... + ... + ...
56 ... + ... + ... + ... + ... + ... + ...	**54** ... + ... + ... + ... + ... + ... + ...
57 ... + ... + ... + ... + ... + ... + ...	**51** ... + ... + ... + ... + ... + ... + ...

⑰ JE COMPLÈTE AVEC LES SYMBOLES < OU >.

| 52 | < | 58 | | 45 | ... | 39 | | 57 | ... | 46 |

| 60 | ... | 56 | | 18 | ... | 23 | | 36 | ... | 40 |

| 57 | ... | 51 | | 59 | ... | 39 | | 54 | ... | 33 |

| 47 | ... | 52 | | 54 | ... | 45 | | 35 | ... | 53 |

LES NOMBRES JUSQU'À 70

① J'ÉCRIS LA SUITE DES NOMBRES :

De 28 à 39 : ....

....

De 38 à 49 : ....

....

De 48 à 59 : ....

....

De 58 à 69 : ....

② JE COMPTE LE NOMBRE DE CARRÉS.

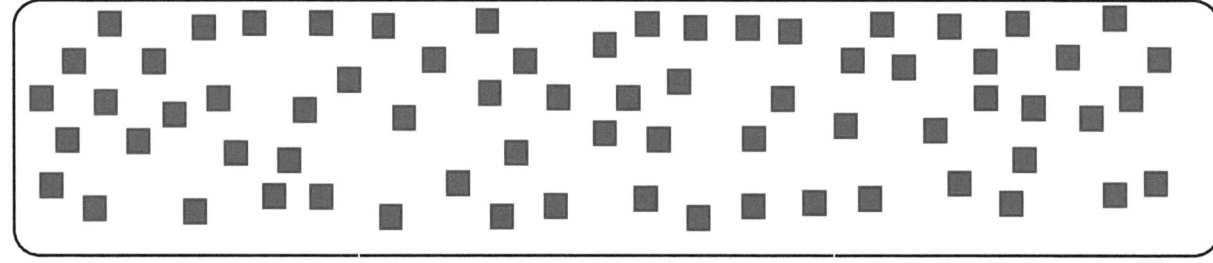

En tout, il y a ... carrés.

③ J'INDIQUE SI C'EST JUSTE OU FAUX.

a) 41 – 42 – 43 – 44 – 45 – 47 – 48 – 49 – 50

b) 69 – 68 – 67 – 65 – 64 – 63 – 62 – 61 – 60

c) 58 – 59 – 60 – 61 – 60 – 59 – 58 – 57 – 56

d) 51 – 52 – 53 – 54 – 55 – 56 – 57 – 58 – 59

④ J'ÉCRIS L'ÉTIQUETTE POUR CHAQUE NOMBRE.

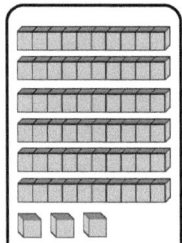 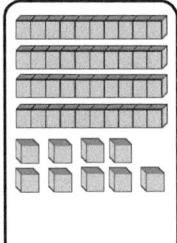 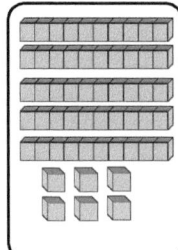 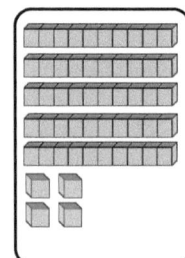 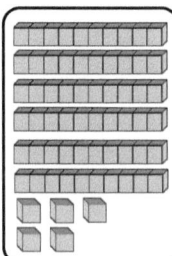

...   ...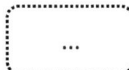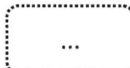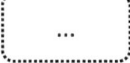

⑤ JE DEVINE LE NOMBRE DE CHAQUE PERSONNE.

⑥ QUI A RAISON ? DEVINE LE NOMBRE TOTAL DE FEUTRES.

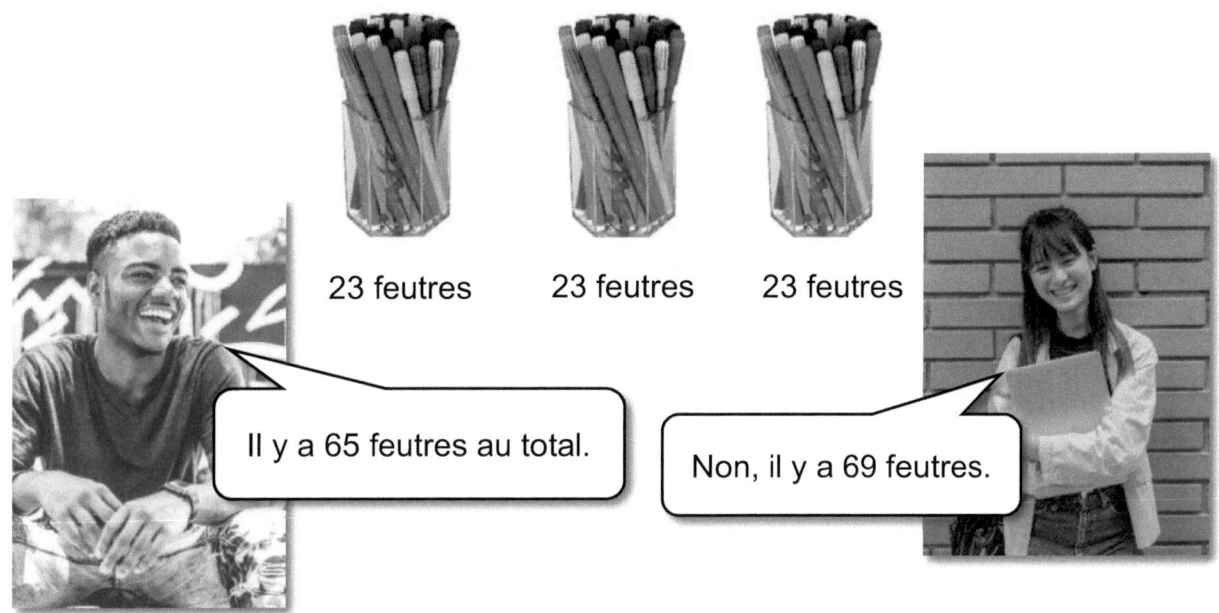

⑦ J'ÉCRIS LE NOMBRE DE CHAQUE PERSONNE.

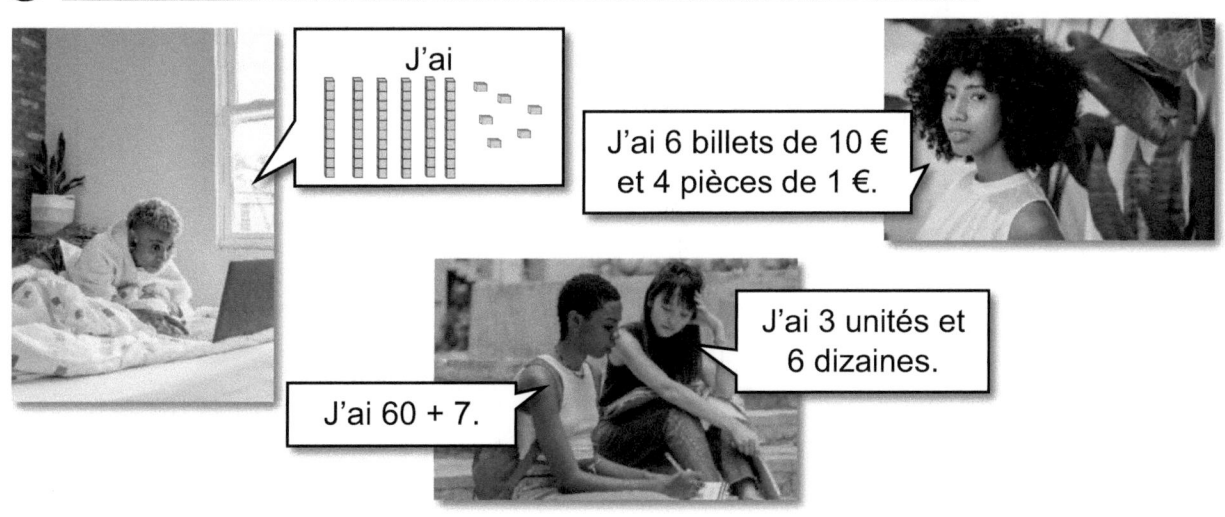

⑧ JE COMPLÈTE.

a) 65 = **6 dizaines et 5 unités.**
   65 = **10 + 10 + 10 + 10 + 10 + 10 + 5**

b) 63 = ... dizaines et ... unités.
   63 = ... + ... + ... + ... + ... + ... + ...

c) 67 = ... dizaines et ... unités.
   67 = ... + ... + ... + ... + ... + ... + ...

d) 61 = ... dizaines et ... unité.
   61 = ... + ... + ... + ... + ... + ... + ...

⑨ JE COMPLÈTE COMME DANS L'EXEMPLE.

63	10 + 10 + 10 + 10 + 10 + 10 + 3	60 + 3	6 d 3 u
56	....	....	....
68	....	....	....
51	....	....	....
38	....	....	....

⑩ JE CALCULE, PUIS J'ÉCRIS LE RÉSULTAT.

a) 10 + 10 + 10 + 10 + 10 + 10 + 5 = ...
b) 10 + 10 + 10 + 10 + 10 + 7 = ...
c) 10 + 10 + 10 + 10 + 10 + 10 = ...
d) 10 + 10 + 10 + 10 + 8 = ...
e) 10 + 10 + 10 + 3 = ...

⑪ JE DÉCOMPOSE.

a) 57 = **50 + 7 = 10 + 10 + 10 + 10 + 10 + 7**
b) 64 = ... + ... = ... + ... + ... + ... + ... + ... + ...
c) 61 = ... + ... = ... + ... + ... + ... + ... + ... + ...
d) 52 = ... + ... = ... + ... + ... + ... + ... + ... + ...

⑫ JE COMPLÈTE.

a) 3 **d** 7 **u** = **10 + 10 + 10 + 7 = 37**

b) 6 **d** 2 **u** = ...

c) 4 **d** 3 **u** = ...

d) 5 **u** 6 **d** = ...

e) 1 **u** 6 **d** = ...

⑬ JE CLASSE LES NOMBRES DANS LA GRILLE SUIVANTE.

| 66 | 42 | 59 | 31 | 53 | 45 | 69 | 57 | 65 |

30									
40									
50									
60					66				

⑭ JE COMPLÈTE LE TABLEAU AVEC LES NOMBRES MANQUANTS.

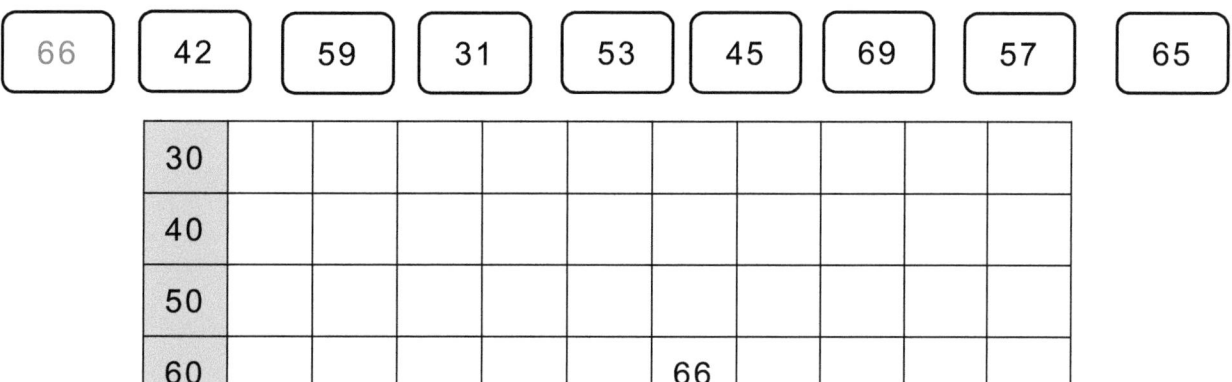

⑮ J'ÉCHANGE LES PIÈCES DE 1 EURO CONTRE DES BILLETS DE 10 EUROS. COMBIEN DE BILLETS DE 10 EUROS ? COMBIEN DE PIÈCES DE 1 EURO RESTANTES ?

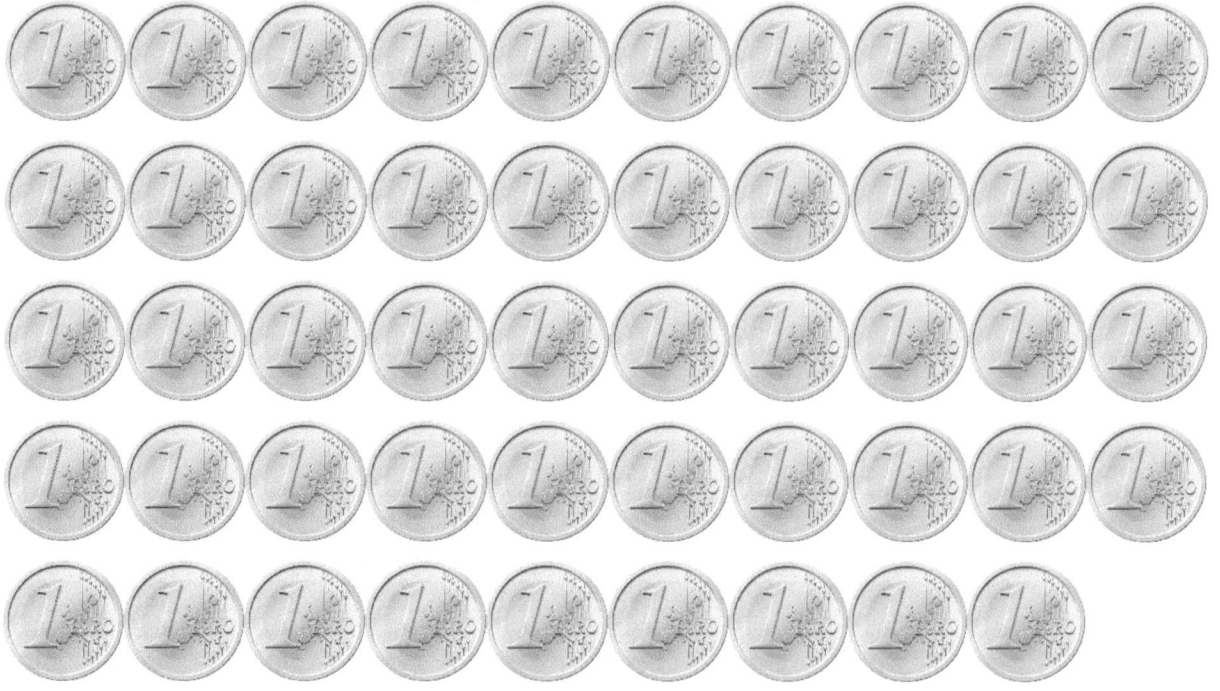

⑯ **JE DESSINE LES PIÈCES ET LES BILLETS POUR CHAQUE ÉTIQUETTE.**

54 €   63 €   67 €

⑰ **MA COPINE VEUT ÉCHANGER 6 BILLETS DE 10 € ET UN BILLET DE 5 € CONTRE DES PIÈCES DE 1 €. JE DESSINE LES PIÈCES QU'ELLE AURA.**

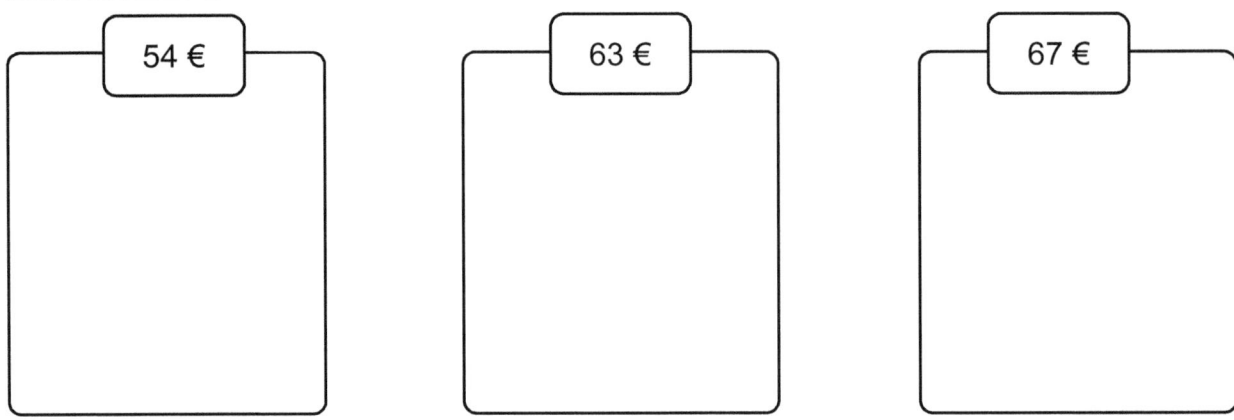

LE SENS DE LA MULTIPLICATION

① JE COMPLÈTE LA SÉQUENCE.

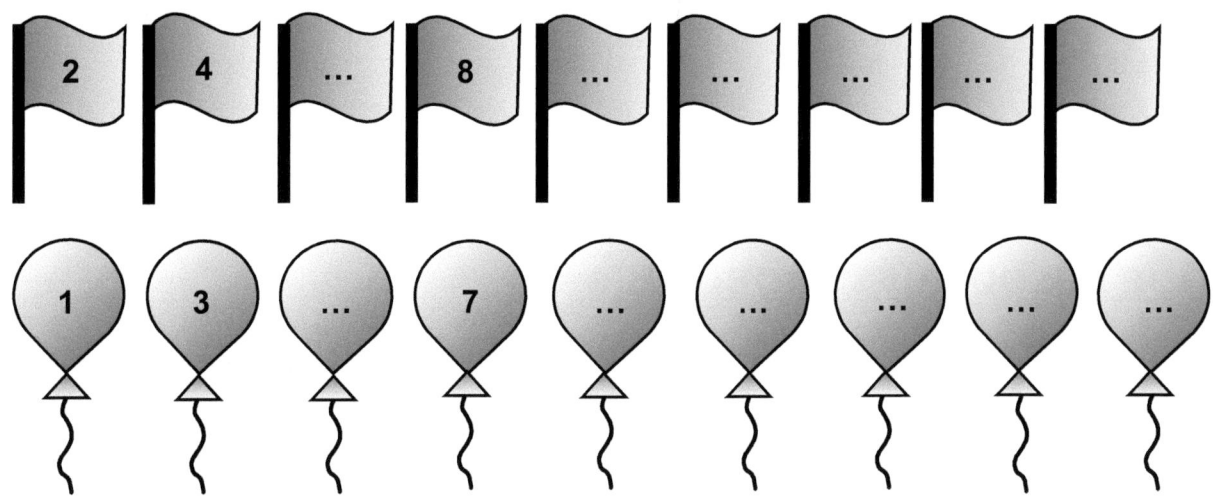

② DE L'ADDITION À LA MULTIPLICATION. J'OBSERVE.

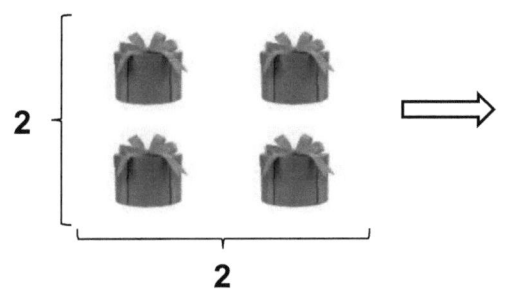

2 cadeaux + 2 cadeaux = 4 cadeaux

2 fois 2 cadeaux = 4 cadeaux

2 cadeaux x 2 = 4 cadeaux

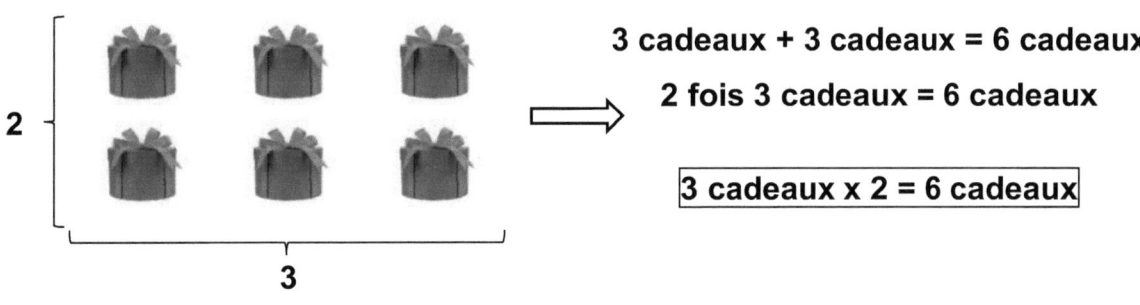

3 cadeaux + 3 cadeaux = 6 cadeaux

2 fois 3 cadeaux = 6 cadeaux

3 cadeaux x 2 = 6 cadeaux

JE COMPLÈTE.

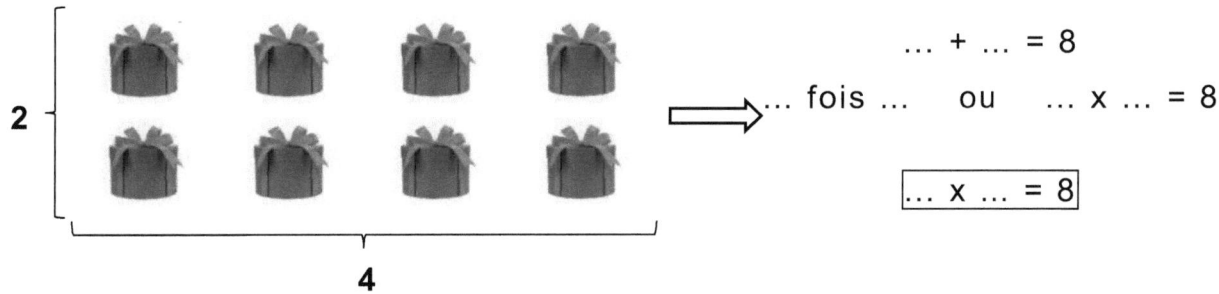

… + … = 8

… fois …   ou   … x … = 8

… x … = 8

③ JE MULTIPLIE PAR 2.

2 fois 1 = ...	2 fois 6 = ...	1 fois 2 = ...	6 fois 2 = ...
2 fois 2 = ...	2 fois 7 = ...	2 fois 2 = ...	7 fois 2 = ...
2 fois 3 = ...	2 fois 8 = ...	3 fois 2 = ...	8 fois 2 = ...
2 fois 4 = ...	2 fois 9 = ...	4 fois 2 = ...	9 fois 2 = ...
2 fois 5 = ...	2 fois 10 = ...	5 fois 2 = ...	10 fois 2 = ...

④ JE RÉSOUS CES PROBLÈMES.

(A). **5 élèves** ont chacun **2 cahiers**. <u>Combien de cahiers ont-ils ensemble ?</u>

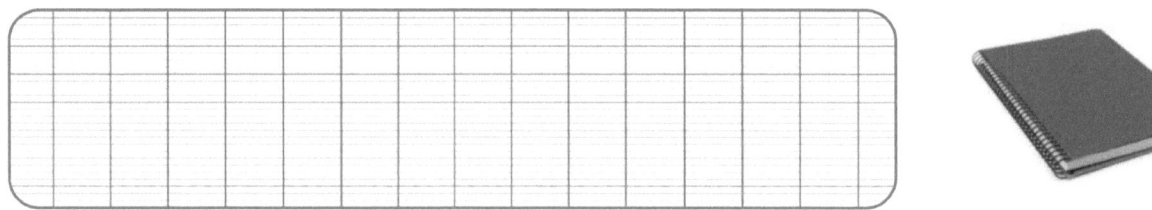

(B). Dans une boîte, j'ai mis **9 paires de chaussettes**. <u>Combien y a-t-il de chaussettes en tout ?</u>

(C). Guillaume et Coralie ont chacun **5 bonbons**. Ils ont ensemble ... bonbons.

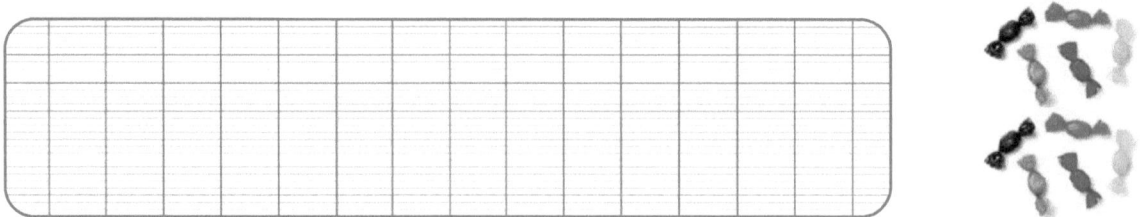

(D). Dans un potager, nous avons planté **2 rangées de 9 salades**. En tout, nous avons planté ... salades.

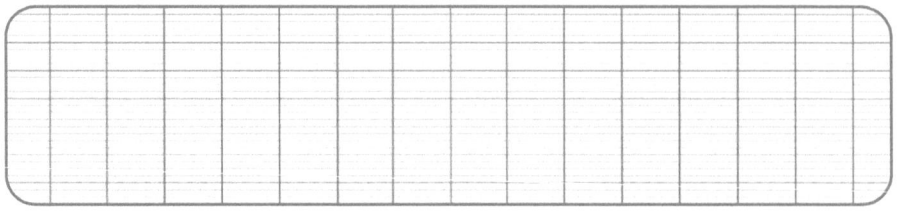

⑤ LES VÊTEMENTS ET LES ACCESSOIRES. J'EFFECTUE CES MULTIPLICATIONS.

a) 2 tricots x 2 = ... tricots

b) 3 pyjamas x 2 = ... pyjamas

c) 4 jeans x 2 = ... jeans

d) 6 paires de sandales = ... sandales

e) 5 paires de baskets = ... baskets

f) 4 paires de lunettes = ... verres

g) 7 paires de gants = ... gants

h) 8 bottes de caoutchouc x 2 = ... bottes

i) 7 écharpes x 2 = ... écharpes

j) 4 robes x 2 = ... robes

k) 2 fois 6 ceintures = ... ceintures

l) 2 fois 4 anoraks = ... anoraks

m) 2 fois 5 shorts = ... shorts

n) 2 fois 9 chaussettes = ... chaussettes

⑥ JE DOUBLE LE NOMBRE DES CARRÉS, PUIS JE COMPTE (VOIR L'EXEMPLE).

4 x 2 = 8

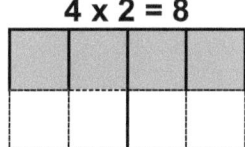

8 x ... = ...

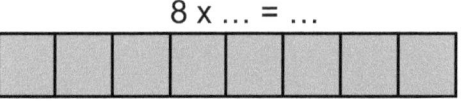

9 x ... = ...

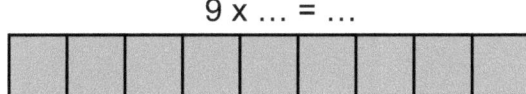

6 x ... = ...

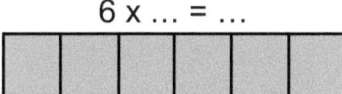

7 x ... = ...

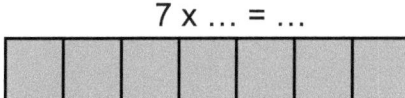

5 x ... = ...

LES NOMBRES DE 0 À 70 (RÉVISION)

① JE REPLACE LES NOMBRES DANS LE BON ORDRE.

67	64	66	60	69	61	65	63	70	62	68

...	...	...	...	...	...	...	...	...	...	...

② JE RELIE.

66 •   • soixante-dix   64 •   • soixante et un
69 •   • soixante-sept   61 •   • soixante-cinq
67 •   • cinquante-neuf   62 •   • cinquante-six
59 •   • soixante-six   65 •   • soixante-trois
65 •   • soixante-cinq   56 •   • soixante-quatre
70 •   • soixante-neuf   63 •   • soixante-deux

③ JE COMPLÈTE SUIVANT L'EXEMPLE.

62	6 d 2 u	10 + 10 + 10 + 10 + 10 + 10 + 2	60 + 2
68	………………	………………	………………
66	………………	………………	………………
65	………………	………………	………………
69	………………	………………	………………
70	………………	………………	………………

④ JE COLORIE L'ÉTIQUETTE QUI CORRESPOND AU NOMBRE DEMANDÉ.

soixante-six	46	56	66	36
soixante-sept	67	607	670	57
soixante-cinq	650	605	55	65
soixante-trois	603	63	53	6 003
soixante-neuf	59	609	69	49
soixante et un	610	601	51	61

⑤ JE COMPLÈTE LES CASES GRISES AVEC LES NOMBRES MANQUANTS.

...	32	33	34	...	36	37	...	39	40
41	...	43	...	45	...	...	48	...	...
51	52	...	54	55	...	...	58	...	60
...	62	...	64	...	66	67	...	...	70

⑥ COMBIEN Y A-T-IL DE CUBES ?

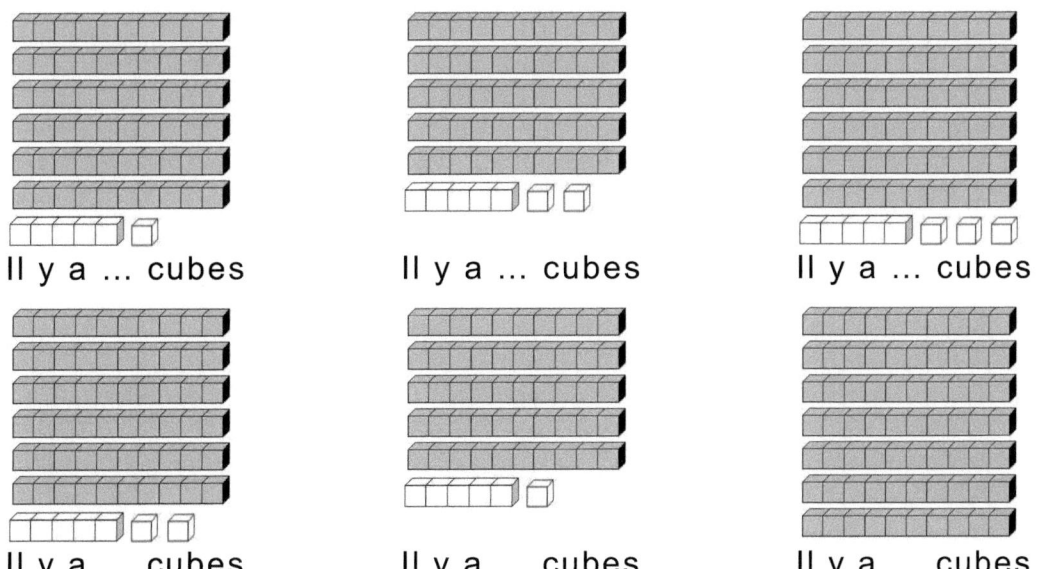

Il y a ... cubes   Il y a ... cubes   Il y a ... cubes

Il y a ... cubes   Il y a ... cubes   Il y a ... cubes

Il y a ... cubes   Il y a ... cubes   Il y a ... cubes

⑦ JE COMPLÈTE :

| 55 | ... | 57 | ... | ... | ... | ... | 62 | ... | ... | ... | ... | 67 | ... | ... | ... |

⑧ JE COMPTE, PUIS J'ÉCRIS LA BONNE RÉPONSE.

⑨ JE FAIS UNE CROIX SUR LES ERREURS.

| 54 | 55 | 57 | 58 | 59 | 60 | 61 | 62 | 36 | 64 | 65 | 66 | 68 | 67 | 69 | 70 |

| 25 | 26 | 37 | 28 | 29 | 30 | 31 | 32 | 33 | 34 | 35 | 36 | 27 | 38 | 39 | 40 |

⑩ JE COMPLÈTE.

▶ | 25 | 26 | 27 | ... | 29 | ▶ | 40 | ... | 42 | ... | ... |

▶ | 17 | ... | 19 | 20 | ... | ▶ | ... | 61 | ... | 63 | 64 |

▶ | ... | 31 | ... | ... | 34 | ▶ | ... | 51 | ... | ... | 54 |

▶ | 55 | ... | 57 | ... | 59 | ▶ | ... | ... | 37 | ... | 39 |

⑪ JE RANGE DU PLUS PETIT AU PLUS GRAND.

51	65	24	36	67	37	58	42	70	47
…	…	…	…	…	…	…	…	…	…

⑫ JE RANGE DU PLUS GRAND AU PLUS PETIT.

51	48	62	31	53	69	46	34	58	60
…	…	…	…	…	…	…	…	…	…

⑬ J'OBSERVE, PUIS JE COMPLÈTE.

32	33	34	35	…	37	38	…	…	…
55	56	57	…	59	60	61	62	…	64
27	29	31	…	35	…	39	…	43	45
70	69	68	67	…	…	64	63	62	61
44	46	…	50	52	…	56	58	…	62

⑭ JE COMPLÈTE EN LETTRES OU EN CHIFFRES.

69	…………………	68	…………………
……	soixante-dix	……	soixante-trois
61	…………………	43	…………………
65	…………………	50	…………………
……	soixante-six	……	soixante-cinq
……	soixante-sept	55	…………………
62	…………………	44	…………………
……	soixante-cinq	……	soixante et un

15) J'ÉCRIS LES NOMBRES QUI VIENNNENT JUSTE AVANT ET JUSTE APRÈS.

| ... | 69 | ... | | ... | 65 | ... | | ... | 52 | ... |

| ... | 61 | ... | | ... | 60 | ... | | ... | 57 | ... |

16) JE COMPLÈTE SELON L'EXEMPLE.

65	69
10 + 10 + 10 + 10 + 10 + 10 + 5	... + ... + ... + ... + ... + ... + ...
50 + 5	... + ...
cinquante-cinq	....
63	**62**
... + ... + ... + ... + ... + ... + ...	... + ... + ... + ... + ... + ... + ...
... + ...	... + ...
....	....
66	**64**
... + ... + ... + ... + ... + ... + ...	... + ... + ... + ... + ... + ... + ...
... + ...	... + ...
....	....
67	**61**
... + ... + ... + ... + ... + ... + ...	... + ... + ... + ... + ... + ... + ...
... + ...	... + ...
....	....

17) JE COMPLÈTE AVEC LES SYMBOLES < OU >.

| 62 | < | 68 | | 70 | ... | 69 | | 67 | ... | 47 |

| 59 | ... | 60 | | 21 | ... | 38 | | 43 | ... | 58 |

| 67 | ... | 70 | | 52 | ... | 68 | | 64 | ... | 46 |

| 63 | ... | 36 | | 62 | ... | 26 | | 36 | ... | 63 |

LES NOMBRES DE 0 À 60 (RÉVISION)

① **JE COMPTE DE 1 À 19 PAR 2.**

....

....

② **JE COMPTE DE 1 A 19 PAR 3.**

....

....

③ **J'ENTOURE 1, 2, 3, 4, 5, 6 DIZAINES, PUIS JE COMPTE : 10, 20, 30…**

④ **J'ENTOURE LES BILLETS DE 10 € POUR OBTENIR 60 €.**

99

④ JE COMPTE DE 0 À 60, EN COMPLÉTANT LE TABLEAU CI-DESSOUS.

famille unités	0	1	2	3	4	5	6	7	8	9
famille 10	10	11	…	…	…	…	…	…	…	…
famille 20	20	21	…	…	…	…	…	…	…	…
famille 30	30	31	…	…	…	…	…	…	…	…
famille 40	40	…	…	…	…	…	…	…	…	…
famille 50	50	…	…	…	…	…	…	…	…	…
famille 60	60	…	…	…	…	…	…	…	…	…

⑤ JE DESSINE DES PIÈCES DE 10c ET DE 1c POUR FORMER :

41 c	
45 c	
48 c	
50 c	
52 c	
56 c	
59 c	

⑥ JE COMPTE PAR DIZAINES DE 0 À 60.

....
....

⑦ JE COMPTE PAR DIZAINES DE 60 À 0.

....
....

⑧ JE COMPTE PAR 1 DE 20 À 60.

....
....
....
....
....
....
....
....
....

⑨ JE COMPTE PAR 1 DE 60 À 20.

....
....
....
....
....
....
....
....
....

⑩ ACTIVITÉ DE MANIPULATION. JE FORME LES NOMBRES DE 20 À 60 AVEC DES PIÈCES DE 10c, 2c ET 1c.

⑪ JE COMPTE PAR 10 DE 1 À 51.

....

⑫ JE COMPTE PAR 10 DE 2 À 52.

....

⑬ JE COMPTE PAR 10 DE 5 À 55.

....

⑭ JE COMPTE PAR 10 DE 7 À 57.

....

⑮ JE COMPTE PAR 10 DE 57 À 37.

....

⑯ JE COMPTE PAR 10 DE 54 À 24.

....

⑰ JE COMPTE PAR 10 DE 53 À 3.

....

⑱ JE COMPTE PAR 10 DE 46 À 6.

....

⑲ JE RÉSOUS LES PROBLÈMES SUIVANTS.

(A). J'ai **2 bidons d'eau**. Chaque bidon peut contenir **8 litres d'eau**. Je dois verser **19 litres d'eau** dans ces bidons. Combien de litres d'eau reste-t-il ?

(B). Combien peut-on emplir de bidons de **10 litres** avec **34 litres d'essence** ? Combien manque-t-il pour emplir **4 bidons** ?

(C). **Deux amis** se partagent équitablement une boite de **46 crayons** de couleur. Combien de crayons chaque enfant aura-t-il ?

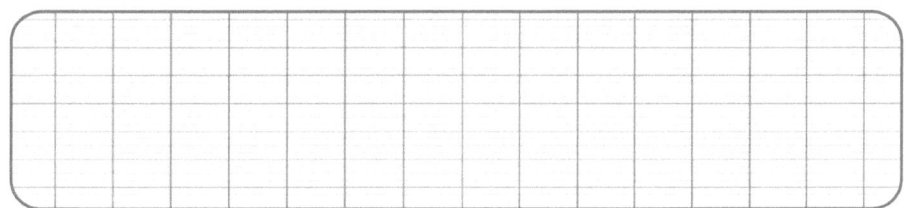

⑳ J'EFFECTUE LES OPÉRATIONS SUIVANTES.

```
   5 2        4 1        3 3        4 6        5 7
+  1 1     +  1 2     +  2 2     +  2 1     +  1 2
  ———        ———        ———        ———        ———
  ... ...    ... ...    ... ...    ... ...    ... ...
```

㉑ JE COMPLÈTE LA TABLE D'ADDITION CI-DESSOUS.

+	8	2	5	7	10	6	9	4	3
2	10	4							
6									9
5			10						
7						13			
9					19				
3							12	7	
10									

L'ADDITION SANS RETENUE

① JE RÉVISE.

- 67 + 2 = ...
- 56 + 4 = ...
- 69 + 1 = ...
- 59 + 6 = ...

- 56 + 5 = ...
- 63 + 4 = ...
- 44 + 6 = ...
- 55 + 8 = ...

- 48 + 3 = ...
- 66 + 2 = ...
- 65 + 3 = ...
- 67 + 3 = ...

- 47 + 7 = ...
- 58 + 5 = ...
- 58 + 8 = ...
- 57 + 3 = ...

② J'ADDITIONNE.

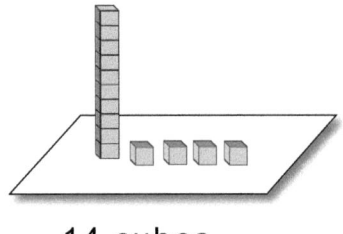 + 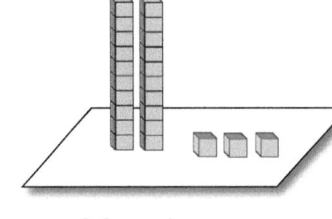 =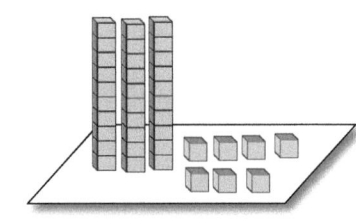

14 cubes   23 cubes   37 cubes

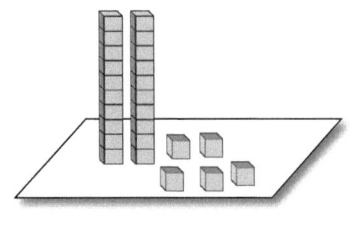 + 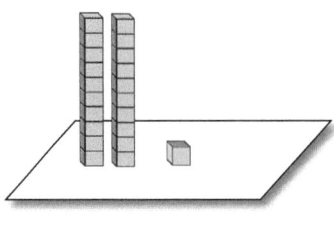 =

....

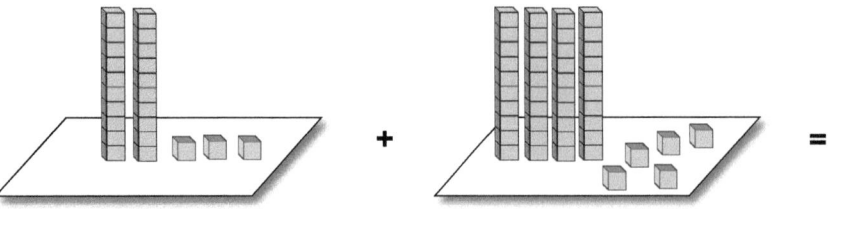 =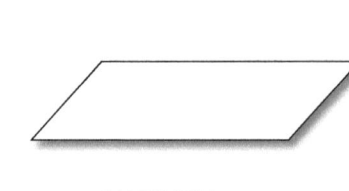

....

⇨ Pour calculer, je réunis **les unités** puis **les dizaines**.

③ J'EFFECTUE LES OPÉRATIONS SUIVANTES.

```
   2 5        4 2        4 6        3 1        3 6
 + 4 3      + 2 7      + 1 3      + 3 2      + 3 2
 ─────      ─────      ─────      ─────      ─────
  ... ...    ... ...    ... ...    ... ...    ... ...


   5 5        1 8          1          7        6 3
 + 1 4      + 5 1      + 6 1      + 6 1      +   3
 ─────      ─────      ─────      ─────      ─────
  ... ...    ... ...    ... ...    ... ...    ... ...
```

④ JE RÉSOUS LES PROBLÈMES SUIVANTS.

(A). Dans la cantine de l'école, **25 filles** et **34 garçons** sont debout et vont prendre leur plateau de repas. <u>Combien d'élèves font la queue ?</u>

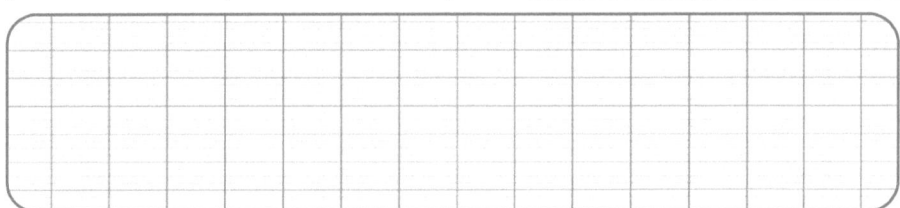

(B). Dans un tonnelet qui contient déjà **27 litres de vin**, on ajoute encore **21 litres**. <u>Combien le tonnelet contient-il maintenant de litres de vin ?</u>

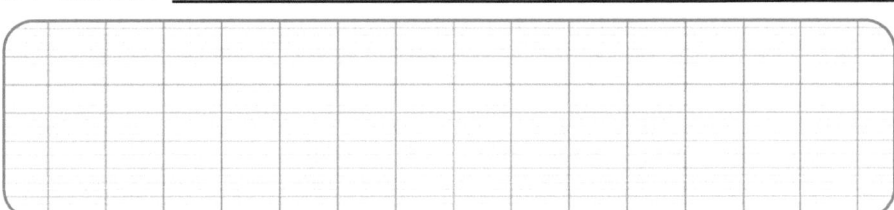

(C). Dans mon portefeuille, j'ai **38 euros**. Mon père me donne **21 euros**. <u>Combien ai-je d'argent, maintenant ?</u>

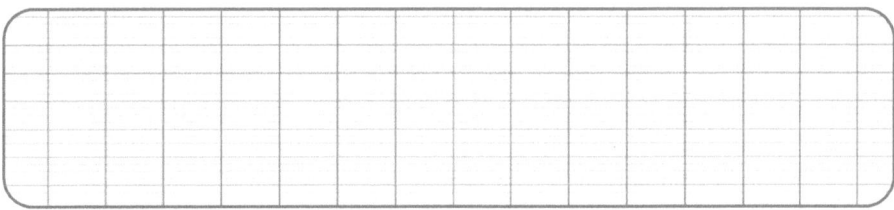

(D). J'ai invité **25 personnes** à ma fête d'anniversaire. Ma mère a invité **14 personnes** de plus. <u>Combien de personnes seront présentes à la fête ?</u>

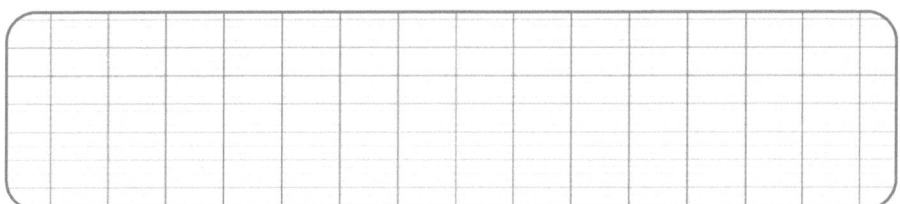

⑤ JE POSE, PUIS J'EFFECTUE LES OPÉRATIONS SUIVANTES.

$$45 + 21 = 46$$

15 + 53 = ...   42 + 15 = ...   33 + 13 = ...

58 + 11 = ...   38 + 21 = ...   24 + 44 = ...

17 + 51 = ...   37 + 32 = ...   25 + 32 = ...

```
    1 5              5 8              1 7
+   5 3          +   1 1          +   5 1
   ─────            ─────            ─────
   ... ...          ... ...          ... ...


    4 2              ... ...          ... ...
+   1 5          +   ... ...      +   ... ...
   ─────            ─────            ─────
   ... ...          ... ...          ... ...


   ... ...          ... ...          ... ...
+  ... ...      +   ... ...      +   ... ...
   ─────            ─────            ─────
   ... ...          ... ...          ... ...
```

⑥ JE RÉSOUS LES PROBLÈMES SUIVANTS.

(A). Thierry a **54 livres** dans sa bibliothèque. Il en achète **12** de plus. <u>Combien de livres a-t-il ?</u>

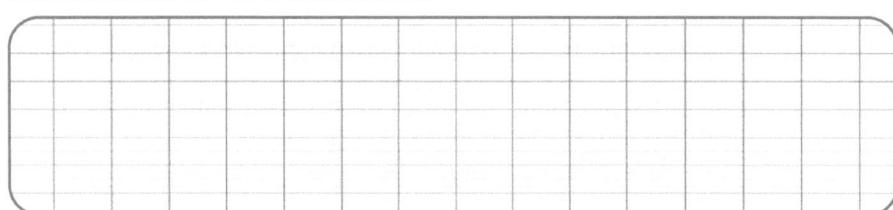

(B). Le boulanger vient de cuire **11 pains de mie**, **24 pains complets** et **32 baguettes**. <u>Combien de pains a-t-il cuit au total ?</u>

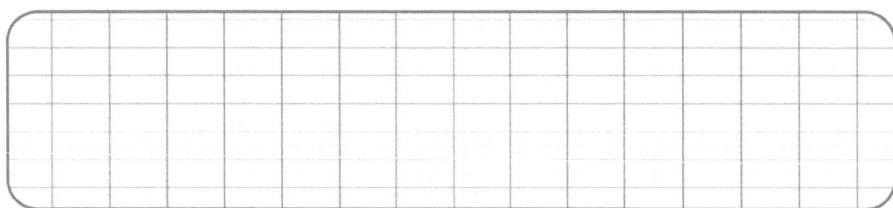

LA SOUSTRACTION SANS RETENUE

① JE RÉVISE.

- 60 − 2 = ...
- 47 − 2 = ...
- 61 − 2 = ...
- 49 − 3 = ...

- 59 − 2 = ...
- 45 − 2 = ...
- 39 − 3 = ...
- 65 − 2 = ...

- 67 − 3 = ...
- 61 − 3 = ...
- 64 − 2 = ...
- 57 − 3 = ...

- 55 − 3 = ...
- 70 − 3 = ...
- 66 − 3 = ...
- 62 − 2 = ...

② J'APPRENDS À SOUSTRAIRE.

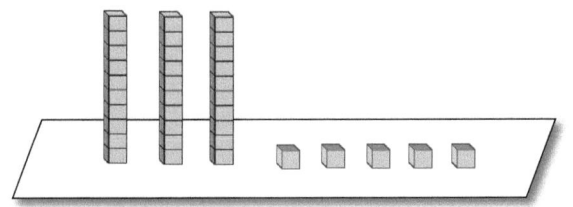

De **35 cubes**, je veux enlever **22 cubes**.
J'enlève **2 cubes**, puis **2 dizaines de cubes**.

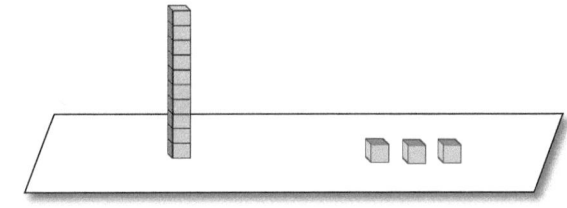

Il reste :
1 dizaine de cubes et **3 cubes**, soit **13 cubes**.

⇨ On écrit :

```
   3 5
 − 2 2
 ─────
   1 3
```

⇨ **J'observe la soustraction sur la bande numérique :**

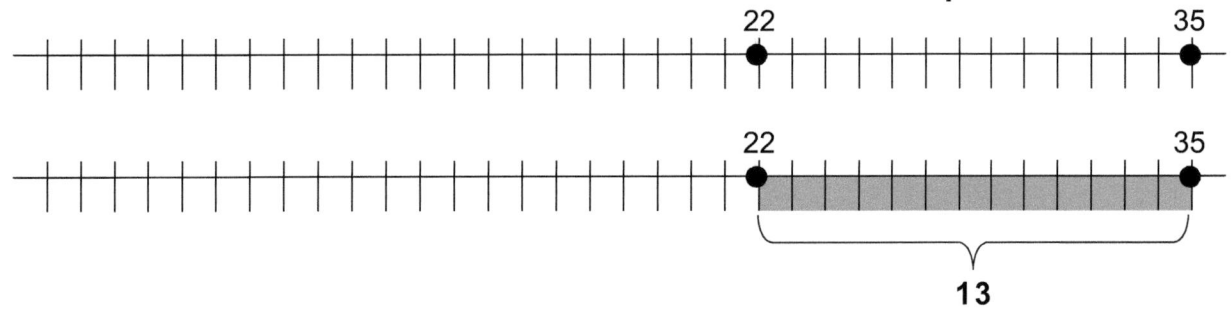

③ JE RÉSOUS LES PROBLÈMES SUIVANTS.

(A). Dans une boîte, il y a **48 crayons**. J'en prends **34**. Combien en reste-t-il dans la boite ?

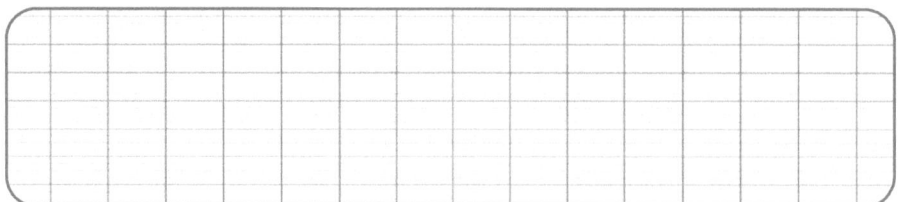

(B). Monsieur Dupont a **68 €**. Il achète un dictionnaire à **45 €**. Combien d'argent lui reste-t-il ?

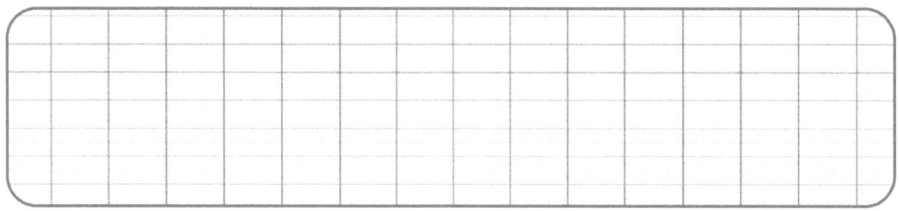

(C). Christophe a une collection de timbres et d'images. Il en a **86** au total, dont **55 timbres**. Combien a-t-il d'images ?

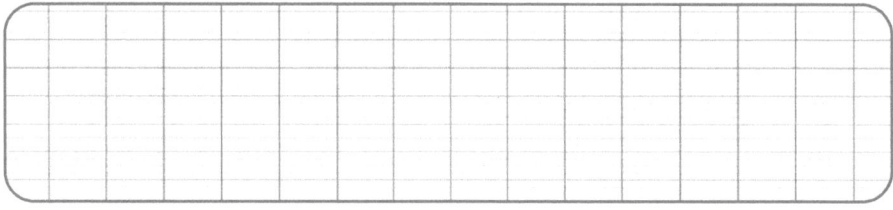

(D). Marc avait **35 €** en partant. En arrivant à l'école, il n'en trouve plus que **23 €**. Combien a-t-il perdu ?

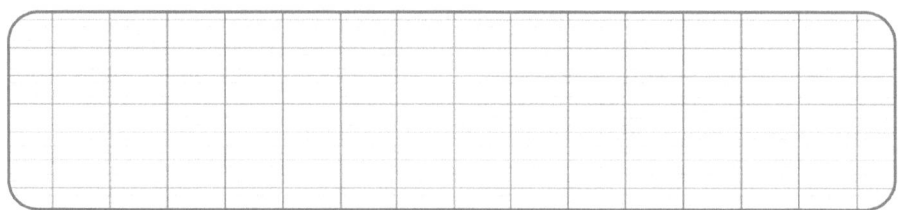

④ J'EFFECTUE CES OPÉRATIONS.

	6	4	oranges		6	6	fraises		5	7	pêches
−	1	2	oranges	−	2	4	fraises	−	3	5	pêches
=	...	...	oranges	=	...	...	fraises	=	...	...	pêches

```
    6  7   abricots          6  9   prunes          6  5   cerises
 -  3  2   abricots       -  1  6   prunes       -  2  1   cerises
 = ... ... abricots       = ... ... prunes       = ... ... cerises


    6  3   bananes           6  5   melons          2  5   citrons
 -  3  1   bananes        -  1  1   melons       -  1  0   citrons
 = ... ... bananes        = ... ... melons       = ... ... citrons


    5  3   poires            1  7   myrtilles       6  9   kakis
 -  3  2   poires         -     2   myrtilles    -     5   kakis
 = ... ... poires         = ... ... myrtilles    = ... ... kakis
```

⑤ COMBIEN LA CAISSIÈRE ME REND-ELLE ?

L'article coûte :	Je donne :	La caissière me rend :
17 €	20	…… €
35 €	20 20	…… €
3 €	10	…… €
19 €	10 10	…… €
13 €	20	…… €

CALCULER EN LIGNE

① JE CALCULE CES ADDITIONS.

• 54 + 10 = ...	• 45 + 20 = ...	• 33 + 15 = ...	• 30 + 25 = ...
• 45 + 10 = ...	• 28 + 20 = ...	• 32 + 15 = ...	• 52 + 25 = ...
• 36 + 10 = ...	• 49 + 20 = ...	• 51 + 15 = ...	• 33 + 25 = ...
• 53 + 10 = ...	• 44 + 20 = ...	• 54 + 15 = ...	• 12 + 25 = ...

② JE CALCULE CES SOUSTRACTIONS.

• 59 − 10 = ...	• 42 − 20 = ...	• 68 − 15 = ...	• 30 − 25 = ...
• 35 − 10 = ...	• 37 − 20 = ...	• 57 − 15 = ...	• 58 − 25 = ...
• 46 − 10 = ...	• 58 − 20 = ...	• 26 − 15 = ...	• 37 − 25 = ...
• 63 − 10 = ...	• 69 − 20 = ...	• 27 − 15 = ...	• 59 − 25 = ...

③ JE CALCULE CES OPÉRATIONS.

• 47 + 12 = ...	• 15 + 61 = ...	• 48 − 22 = ...	• 45 − 31 = ...
• 26 + 32 = ...	• 37 + 32 = ...	• 49 − 15 = ...	• 19 − 13 = ...
• 11 + 37 = ...	• 58 + 11 = ...	• 65 − 12 = ...	• 66 − 31 = ...
• 25 + 12 = ...	• 50 + 19 = ...	• 64 − 14 = ...	• 55 − 44 = ...
• 44 + 21 = ...	• 50 + 16 = ...	• 59 − 33 = ...	• 69 − 11 = ...
• 42 + 21 = ...	• 12 + 53 = ...	• 58 − 14 = ...	• 48 − 10 = ...
• 56 + 13 = ...	• 13 + 52 = ...	• 67 − 23 = ...	• 52 − 31 = ...

UTILISER LA CALCULATRICE

① J'APPRENDS À UTILISER LA CALCULATRICE.

Je tape 19 + 36 =
mais je n'ai pas tapé 5 !
Pourquoi est-ce que je vois 55 ?

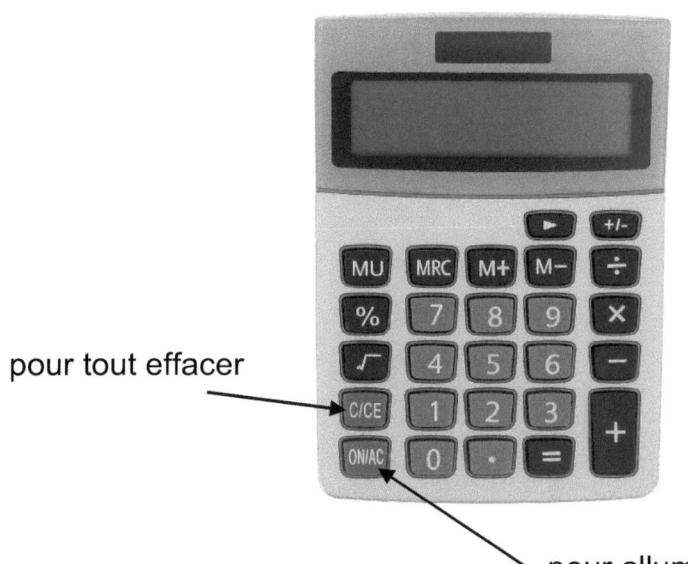

La calculatrice permet de **donner** ou de **vérifier le résultat d'une opération**.

pour tout effacer

pour allumer la calculatrice

② J'UTILISE MA CALCULATRICE POUR EFFECTUER LES CALCULS SUIVANTS.

38 + 25 = …   23 + 41 + 4 = …   35 + 67 = …

60 − 49 = …   51 − 28 = …   67 − 19 = …

29 + 39 = …   19 + 18 + 25 = …   69 + 14 = …

③ JE COLORIE QUAND RÉSULTAT EST 40.

| 53 − 13 | 24 + 21 | 17 + 23 |
| 64 − 18 | 8 + 32 | 26 + 14 |

111

 **AJOUTER 4**

① JE CALCULE SANS POSER L'OPÉRATION.

- 15 + 3 = ...
- 21 + 3 = ...
- 35 + 3 = ...
- 52 + 3 = ...
- 47 + 3 = ...
- 45 + 3 = ...
- 41 + 3 = ...
- 43 + 3 = ...
- 21 + 3 = ...
- 27 + 3 = ...
- 32 + 3 = ...
- 38 + 3 = ...
- 42 + 3 = ...
- 49 + 3 = ...
- 56 + 3 = ...
- 57 + 3 = ...

② J'AJOUTE 4.

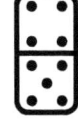 + 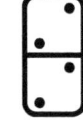 = ...   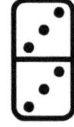 + 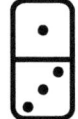 = ...

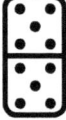 + 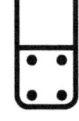 = ...   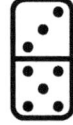 + 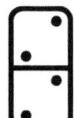 = ...

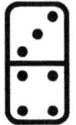 + 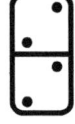 = ...    + 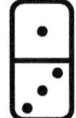 = ...

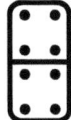 +  = ...   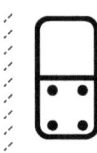 + 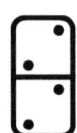 = ...

 +  = ...    +  = ...

 +  = ...   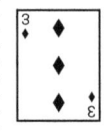 +  = ...

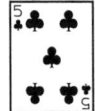 +  = ...    +  = ...

 + 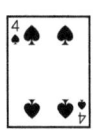 = ...    + 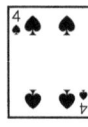 = ...

③ JE RÉSOUS LES PROBLÈMES SUIVANTS.

(A). Joachim a **28 €** dans sa tirelire. Son père ajoute **12 €** et sa mère **15€**. <u>Combien a-t-il maintenant dans sa tirelire ?</u>

(B). Dans la cuisine de leur restaurant, Pierre a **17 ouvre-bouteilles** et Jonathan en a **16**. Chacun achète **14 nouveaux ouvre-bouteilles** de plus. Pierre a en tout ... ouvre-bouteilles et Jonathan ... ouvre-bouteilles.

(C). Pour acheter un rasoir électrique, Thomas a donné un billet de 50 € et 4 pièces de 1 €. <u>Quel est le prix du rasoir électrique ?</u>

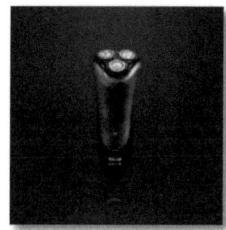

(D). Si elle coûtait **14 €** de plus, cette paire de ciseaux vaudrait **30 €**. <u>À quel prix cette paire de ciseaux est-elle affichée ?</u>

(E). Pour organiser ses photos, Myriam colle **16 photos** sur la première page de l'album, puis **14** autres sur la deuxième page. Pour l'instant, <u>combien a-t-elle collé d'image en tout ?</u>

RETRANCHER 4

① JE CALCULE SANS POSER L'OPÉRATION.

- 35 + 4 = ...
- 53 + 4 = ...
- 45 + 4 = ...
- 51 + 4 = ...
- 37 + 4 = ...
- 56 + 4 = ...
- 58 + 4 = ...
- 54 + 4 = ...
- 61 + 4 = ...
- 49 + 4 = ...
- 50 + 4 = ...
- 55 + 4 = ...
- 59 + 4 = ...
- 41 + 4 = ...
- 52 + 4 = ...
- 57 + 4 = ...

② JE RETRANCHE 4.

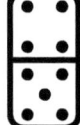 { 0 + 4 = 4 ; 4 − 4 = 0 }

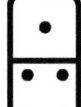 2 + 4 = ... ; 6 − 4 = ...

 3 + 4 = ... ; 7 − 4 = ...

 6 + 4 = ... ; 10 − 6 = ...

 5 + 4 = ... ; 9 − 4 = ...

 1 + 4 = ... ; 5 − 4 = ...

 4 + 4 = ... ; 8 − 4 = ...

  −  =  −  =

  −  = 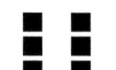 −  =

③ MÊME EXERCICE.

```
   5 3   verres          2 5   tasses         3 7   assiettes
-    4   verres       -    4   tasses      -    4   assiettes
  ... ... verres         ... ... tasses       ... ... assiettes


   4 5   serviettes      6 0   plats          3 6   entrées
-    4   serviettes   -    4   plats       -    4   entrées
  ... ... serviettes      ... ... plats        ... ... entrées
```

④ JE RESOUS LES PROBLEMES SUIVANTS.

(A). Marion devait **9 €** à sa voisine. Elle lui a rendu déjà **4 €**. <u>Combien lui doit-elle encore ?</u>

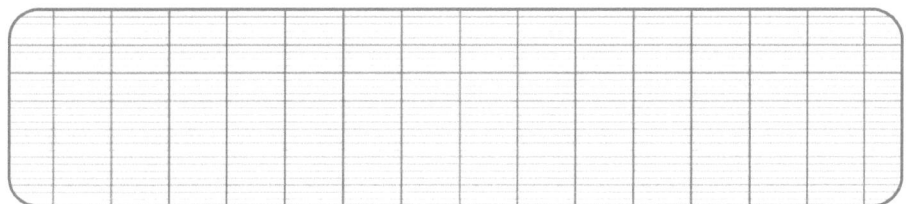

(B). Lisa a gagné **10 €**, Alex a gagné **6 €**. Il donne **4 €** à Lisa. <u>Combien d'argent Lisa aura-t-elle ? Combien d'argent Alex aura-t-il ?</u>

(C). Ma mère a **15 cotons-tiges** dans une boîte, je lui enlève **4 cotons-tiges**. <u>Combien y a-t-il de cotons-tiges dans cette boîte ?</u>

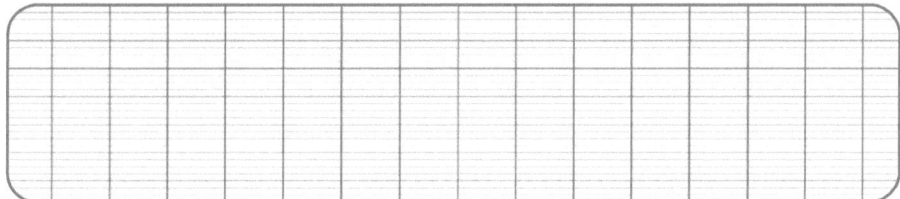

AJOUTER ET RETRANCHER 5

① JE CALCULE SANS POSER L'OPÉRATION.

- 21 + 2 = ...
- 16 + 3 = ...
- 56 + 4 = ...
- 14 + 4 = ...
- 35 + 4 = ...
- 36 + 4 = ...
- 45 + 2 = ...
- 28 + 3 = ...
- 44 + 3 = ...
- 32 + 2 = ...
- 47 + 4 = ...
- 31 + 4 = ...
- 16 + 4 = ...
- 55 + 4 = ...
- 57 + 3 = ...
- 39 + 2 = ...

② J'AJOUTE 5.

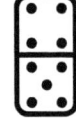 + = ...   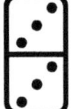 + 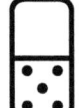 = ...

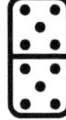 + = ...    +  = ...

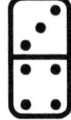 +  = ...    + 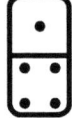 = ...

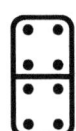 + 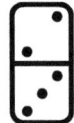 = ...   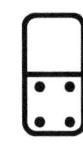 + 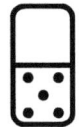 = ...

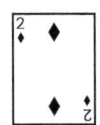 +  = ...    +  = ...

 +  = ...   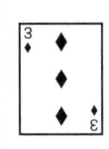 +  = ...

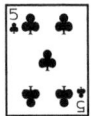 +  = ...    +  = ...

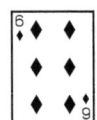 + 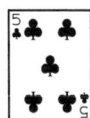 = ...    + 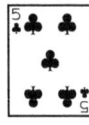 = ...

③ MÊME EXERCICE.

```
  6 1   poêles         5 2   couteaux       6 9   cocottes
−   5   poêles       −   5   couteaux     −   5   cocottes
  ... ... poêles       ... ... couteaux     ... ... cocottes


  6 0   louches        5 5   cuillères      4 6   écumoires
−   5   louches      −   5   cuillères    −   5   écumoires
  ... ... louches      ... ... cuillères    ... ... écumoires
```

④ JE RÉSOUS LES PROBLÈMES SUIVANTS.

(A). Florian avait **46 €**. Il a dépensé **5 €**. <u>Quelle somme lui reste-t-il ?</u>

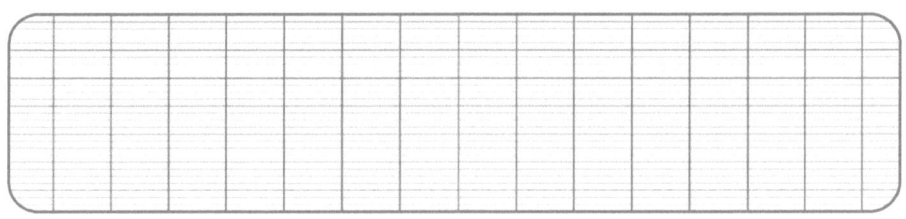

(B). Une fleuriste reçoit une livraison de **48 roses**. Elle en jette **5** qui sont abîmées. <u>Combien de roses pourra-t-elle vendre ?</u>

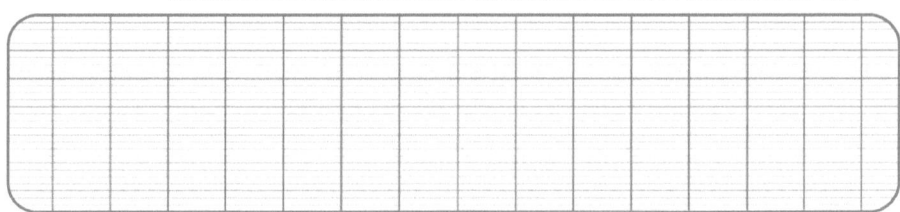

(C). Franck pesait **57 kg**, mais il a perdu **5 kg**. <u>Quel est son poids actuel ?</u>

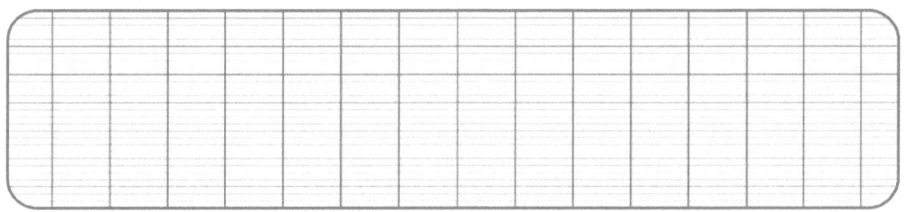

(D). Chimène a **27 ans**. Son frère a **3 ans de moins qu'elle**. <u>Quel est l'âge du frère de Chimène ?</u>

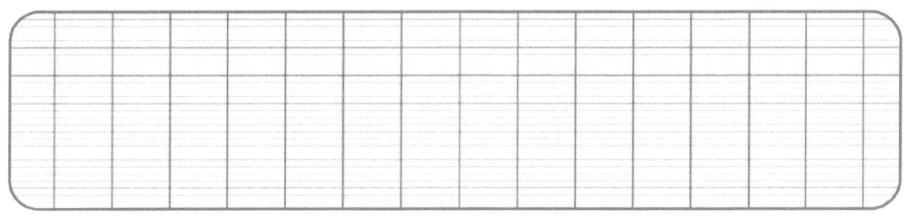

⑤ J'AJOUTE 5 À UN NOMBRE TERMINÉ PAR 0, 1, 2, 3, 4.

- 10 + 5 = ...
- 24 + 5 = ...
- 44 + 5 = ...
- 20 + 5 = ...
- 21 + 5 = ...
- 40 + 5 = ...
- 13 + 5 = ...
- 32 + 5 = ...
- 12 + 5 = ...
- 31 + 5 = ...
- 34 + 5 = ...
- 51 + 5 = ...
- 33 + 5 = ...
- 42 + 5 = ...
- 22 + 5 = ...
- 11 + 5 = ...
- 23 + 5 = ...
- 14 + 5 = ...
- 30 + 5 = ...
- 41 + 5 = ...
- 52 + 5 = ...
- 50 + 5 = ...
- 53 + 5 = ...
- 54 + 5 = ...

⑥ J'AJOUTE 5 À UN NOMBRE TERMINÉ PAR 5, 6, 7, 8, 9.

- 27 + 5 = ...
- 36 + 5 = ...
- 47 + 5 = ...
- 18 + 5 = ...
- 16 + 5 = ...
- 49 + 5 = ...
- 25 + 5 = ...
- 39 + 5 = ...
- 29 + 5 = ...
- 37 + 5 = ...
- 35 + 5 = ...
- 15 + 5 = ...
- 45 + 5 = ...
- 46 + 5 = ...
- 55 + 5 = ...
- 48 + 5 = ...
- 19 + 5 = ...
- 26 + 5 = ...
- 17 + 5 = ...
- 28 + 5 = ...

⑦ JE COMPTE PAR 5 :

- De 5 à 60

....
....
....
....

- De 1 à 56

....
....
....
....

- De 4 à 59

....
....
....
....

⑧ J'EFFECTUE CES OPÉRATIONS.

51 + 5 = ...	37 + 5 = ...	53 + 5 = ...	56 + 5 = ...	35 + 5 = ...
34 + 5 = ...	38 + 5 = ...	28 + 5 = ...	42 + 5 = ...	59 + 5 = ...
57 + 5 = ...	44 + 5 = ...	60 + 5 = ...	65 + 5 = ...	46 + 5 = ...
21 + 5 = ...	13 + 5 = ...	19 + 5 = ...	30 + 5 = ...	22 + 5 = ...

---

54 − 5 = ...	60 − 5 = ...	44 − 5 = ...	46 − 5 = ...	51 − 5 = ...
56 − 5 = ...	52 − 5 = ...	58 − 5 = ...	53 − 5 = ...	43 − 5 = ...
45 − 5 = ...	47 − 5 = ...	41 − 5 = ...	42 − 5 = ...	59 − 5 = ...
57 − 5 = ...	48 − 5 = ...	50 − 5 = ...	55 − 5 = ...	49 − 5 = ...

RAJOUTER 6, 7, 8 et 9

① JE CALCULE.

 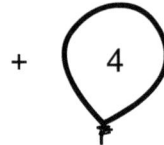 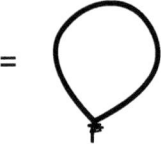  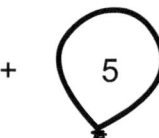 

1 + 5 = ...   5 + 4 = ... + ... = ... + ... = ...

② JE CALCULE.

a) 34 + 4 = ◯   c) 61 + 5 = ◯

b) 56 + 3 = ◯   d) 43 + 4 = ◯

③ JE CALCULE COMME DANS L'EXEMPLE.

■ □ □ □ □   1 + 4 = 5
□ □ □ □ □ □   4 + 3 = ...
□ □ □ □ □ □   2 + 6 = ...
□ □ □ □ □ □ □   1 + 8 = ...
□ □ □ □ □ □ □   6 + 3 = ...

④ JE COMPLÈTE LES MAISONS.

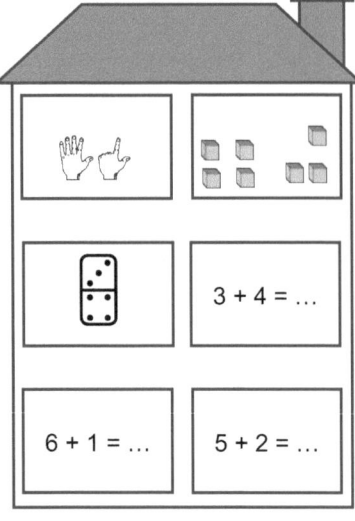
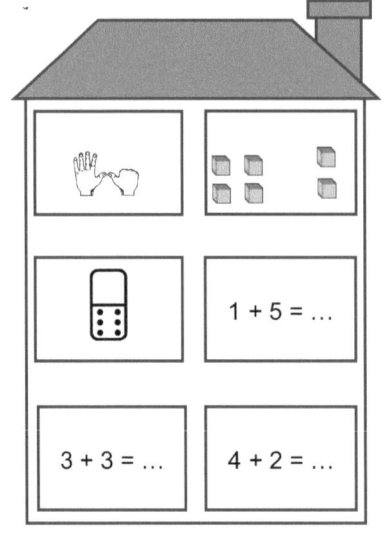
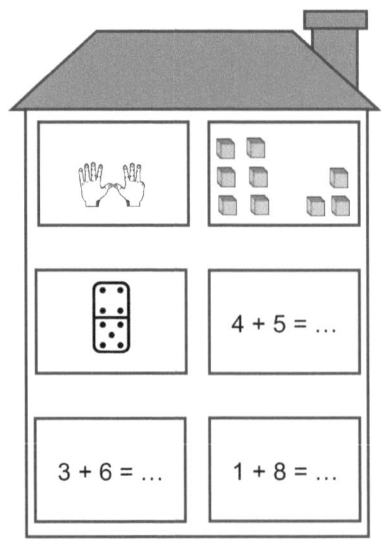

RAJOUTER 10

① JE RAJOUTE POUR OBTENIR 10 :

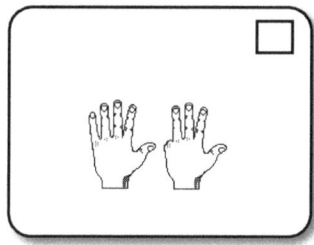

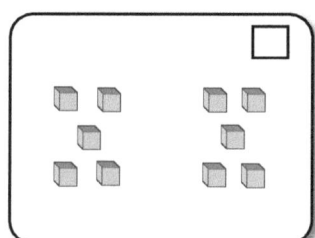

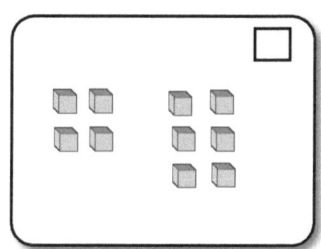

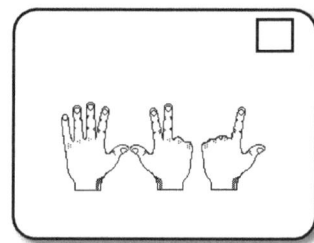

② JE COCHE QUAND LE RÉSULTAT EST 10.

(dernière case : 6 + 4)

③ JE COLORIE EN ROUGE QUAND LE RÉSULTAT EST 10.

| 2 + 5 | 1 + 9 | 7 + 2 | 7 + 3 | 3 + 6 |

| 3 + 7 | 4 + 6 | 2 + 8 | 1 + 5 | 4 + 7 |

④ JE DOIS PRÉPARER 10 GÂTEAUX EN TOUT. COMBIEN DE GÂTEAUX DOIS-JE ENCORE FAIRE ?

BILAN

① JE RÉVISE.

• 5 + 5 ou **2 x 5 = 10**	• 2 + 2 ou ... x ... = ...	• 1 + 1 ou ... x ... = ...
• 3 + 3 ou ... x ... = ...	• 6 + 6 ou ... x ... = ...	• 4 + 4 ou ... x ... = ...
• 9 + 9 ou ... x ... = ...	• 7 + 7 ou ... x ... = ...	• 8 + 8 ou ... x ... = ...

② JE PARTAGE 15 ŒUFS DE PÂQUES ENTRE 2 AMIS :

③ J'ÉCRIS LES NOMBRES DE 2 A 19. ENSUITE, J'ENTOURE LES NOMBRES QUI SONT DANS LA TABLE DE MULTIPLICATION PAR 2.

....
....

④ J'UTILISE LA TABLE DE MULTIPLICATION PAR 2 POUR COMPLÉTER LES OPÉRATIONS.

2, c'est **1 fois 2**.	**3**, c'est **1 fois 2** et il reste **1**.	**13**, c'est **6 fois 2** et il reste **1**.
18, c'est ... fois 2.	**15**, c'est **7 fois 2** et il reste ...	**11**, c'est ... fois 2 et il reste ...
20, c'est ... fois 2	**17**, c'est ... fois 2 et il reste...	**9**, c'est ... fois 2 et il reste ...

⑤ COMBIEN LA CAISSIERE ME REND-ELLE ?

L'article coûte :	Je donne :	La caissière me rend :
4 €	10 €	...... €
3 €	10 €	...... €
18 €	20 €	...... €

⑥ JE DONNE LA SOMME D'ARGENT VERSÉ DANS CHAQUE BOÎTE.

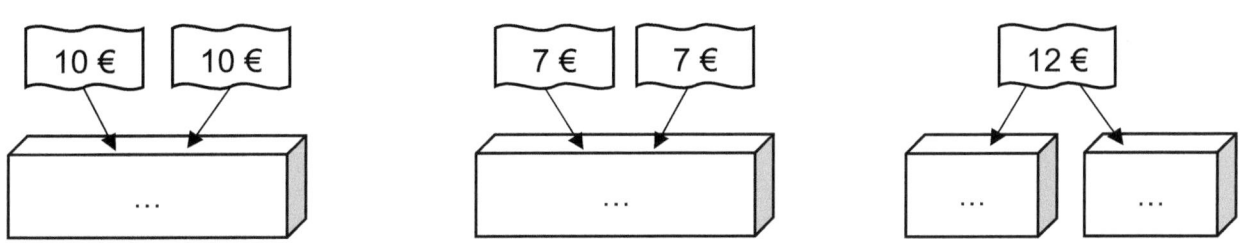

⑦ JE COMPTE DE 0 A 60, EN COMPLÉTANT LE TABLEAU CI-DESSOUS.

famille unités	0	1	2	3	4	5	6	7	8	9
famille 10	10	11	...	...	...	...	...	...	...	...
famille 20	20	21	...	...	...	...	...	...	...	...
famille 30	30	31	...	...	...	...	...	...	...	...
famille 40	40	41	...	...	...	...	...	...	...	...
famille 50	50	...	...	...	...	...	...	...	...	...
famille 60	60	...	...	...	...	...	...	...	...	...

⑧ JE DESSINE DES PIÈCES DE 10 CENTIMES ET DE 1 CENTIME POUR FORMER :

51 centimes	
65 centimes	
58 centimes	
43 centimes	
59 centimes	

⑨ J'EFFECTUE LES OPÉRATIONS SUIVANTES.

```
    4 5         3 2         4 6         5 1         3 6
+   1 3     +   1 7     +   2 3     +   1 2     +   2 2
───────     ───────     ───────     ───────     ───────


    1 5         1 8         1 1         3 7         3 3
+   5 4     +   3 1     +   4 1     +   1 1     +   1 3
───────     ───────     ───────     ───────     ───────


    1 5         3 5         2 3         3 5         1 5
+   4 5     +   1 4     +   1 2     +   1 4     +   1 3
───────     ───────     ───────     ───────     ───────
```

⑩ J'EFFECTUE CES OPÉRATIONS.

```
    6 9  oranges        6 6  stylos        6 9  règles
−   1 3  oranges    −   2 5  stylos    −   1 2  règles
──────────────      ─────────────      ─────────────
=   … …  oranges    =   … …  stylos    =   … …  règles


    5 4  crayons        6 1  livres        6 5  noix
−   2 1  crayons    −   5 0  livres    −       4  noix
──────────────      ─────────────      ─────────────
=   … …  crayons    =   … …  livres    =   … …  noix
```

TABLE DE MATIÈRES

Leçon	Titre	Page
1.	LES NOMBRES 1, 2 ET 3	5
2.	LES NOMBRES 4 ET 5	8
3.	LES NOMBRES 6 ET 7	11
4.	LES NOMBRES 8 ET 9	15
5.	LE NOMBRE 10	17
6.	LE NOMBRE 10 (RÉVISION)	20
7.	LES NOMBRES DE 1 À 19	24
8.	LE DÉCIMÈTRE ET LE CENTIMÈTRE	29
9.	LES NOMBRES DE 0 À 20 (RÉVISION)	32
10.	LE SENS DE L'ADDITION	34
11.	AJOUTER 2	37
12.	RETRANCHER 2	39
13.	LE SENS DE LA SOUSTRACTION	42
14.	L'ADDITION ET LA SOUSTRACTION (1)	44
15.	LES NOMBRES DE 0 À 30	49
16.	AJOUTER ET SOUSTRAIRE DES DIZAINES (1)	53
17.	AJOUTER ET SOUSTRAIRE DES DIZAINES (2)	56
18.	L'ADDITION ET LA SOUSTRACTION (2)	57
19.	LES NOMBRES DE 0 À 40	61
20.	AJOUTER 3	66
21.	LES DOUBLES ET LES MOITIÉS	69
22.	LES NOMBRES DE 0 À 50	70
23.	RETRANCHER 3	75
24.	UTILISER LES EUROS	78
25.	LES NOMBRES DE 0 À 60	81
26.	LES NOMBRES JUSQU'À 70	86
27.	LE SENS DE LA MULTIPLICATION	91
28.	LES NOMBRES DE 0 À 70 (RÉVISION)	94
29.	LES NOMBRES DE 0 À 60 (RÉVISION)	99
30.	L'ADDITION SANS RETENUE	104
31.	LA SOUSTRACTION SANS RETENUE	107
32.	CALCULER EN LIGNE	110
33.	UTILISER LA CALCULATRICE	111
34.	AJOUTER 4	112
35.	RETRANCHER 4	114
36.	AJOUTER ET RETRANCHER 5	116
37.	RAJOUTER 6, 7, 8 ET 9	120
38.	RAJOUTER 10	121
39	BILAN	122